数+学=(女×孩)2

费马大定理

Fermat's Last Theorem

[日] 结城 浩 ◇ 著

丁灵 ◇ 译

U0279795

人民邮电出版社

北京

图书在版编目（CIP）数据

数学女孩. 2，费马大定理 /（日）结城浩著；丁灵
译. -- 北京：人民邮电出版社，2016.1
（图灵新知）
ISBN 978-7-115-41111-2

Ⅰ．①数… Ⅱ．①结… ②丁… Ⅲ．①数学－普及读
物 Ⅳ．①O1-49

中国版本图书馆CIP数据核字 (2015) 第273228号

内 容 提 要

　　《数学女孩》系列以小说的形式展开，重点描述一群年轻人探寻数学中的美。
内容由浅入深，数学讲解部分十分精妙，被称为"绝赞的数学科普书"。
　　《数学女孩2：费马大定理》有许多巧思。每一章针对不同议题进行解说，
再于最后一章切入正题——费马大定理。作者巧妙地以每一章的概念作为拼图，
拼出被称为"世纪谜题"的费马大定理的大概证明。整本书一气呵成，非常适
合对数学感兴趣的初高中生以及成人阅读。

◆ 著　　　　[日] 结城浩
　　译　　　　丁　灵
　　责任编辑　乐　馨
　　执行编辑　杜晓静
　　责任印制　杨林杰
◆ 人民邮电出版社出版发行　　北京市丰台区成寿寺路11号
　　邮编　100164　电子邮件　315@ptpress.com.cn
　　网址　http://www.ptpress.com.cn
　　三河市中晟雅豪印务有限公司印刷
◆ 开本：880×1230　1/32
　　印张：11.5　　　　　　　　2016年1月第1版
　　字数：325千字　　　　　　2024年8月河北第34次印刷
　　著作权合同登记号　图字：01-2015-5653号

定价：59.80元
读者服务热线：(010)84084456-6009　印装质量热线：(010)81055316
反盗版热线：(010)81055315
广告经营许可证：京东市监广登字20170147号

致读者

本书涵盖了形形色色的数学题，从小学生都能明白的简单问题，到困扰了数学家 350 余年的难题。

本书中通过语言、图形以及数学公式表达主人公的思路。

如果你不太明白数学公式的含义，姑且先看看故事，公式可以一眼带过，泰朵拉和尤里会跟你一同前行。

擅长数学的读者，请不要仅仅阅读故事，务必一同探究数学公式。如此，便可品味到深埋在故事中的别样趣味。

说不定，您会体验到一个代入感极强的动人故事。

主页通知

关于本书的最新信息，可查阅以下URL。

http://www.hyuki.com/girl/

此URL出自作者的个人主页。

目 录

CONTENTS

序言

序　言

这是整数的世界。

我们数数。数鸽子，数星星，掰着指头数离放假还有多少天。小时候泡在热乎乎的澡池子里，被家长命令"好好地把肩膀都泡进去"，只好默默忍受着，然后数到十。

这是图形的世界。

我们画画。用圆规画圆，用三角尺画线，被不经意中画出的正六边形吓了一跳。拖着伞跑过操场，描绘出漫长的直线。回头是圆圆的夕阳。再见了三角形，明天见。

这是数学的世界。

整数是由神创造的，克罗内克如是说。毕达哥拉斯以及丢番图把整数和直角三角形连接在一起。费马则更加别出心裁，他的一句玩笑话困扰了数学家们三个多世纪。

史上最大的谜题谁都知道，但谁也解不开。为了解开它，必须运用所有的数学知识。这不是一道一般的谜题，不容小觑。

这是我们的世界。

我们走在寻访"真实的样子"的旅途上。失落之物重见天日，已逝之物重返世间。我们承载着生命和时间的重量，经历着如此的消逝和发现，死亡和重生。

> 思考成长的含义，追溯发现的意义。
>
> 询问孤独的含义，获悉言语的意义。

记忆中总有一条错综复杂的小路，朦朦胧胧。其中能清晰记起的，只有那闪烁的银河，温暖的手心，微颤的嗓音，以及栗色的发丝。所以，我决定从那里讲起。

从那个，周六的午后——

第1章

将无限宇宙尽收掌心

同学们，有人说它像一条大河，也有人说它像一片牛奶
流淌后留下的痕迹
——这白茫茫的一片究竟是什么东西，你们知道吗？
——宫泽贤治《银河铁道之夜》①

1.1　银河

"哥哥，好漂亮啊。"尤里说。

"是啊。数不清有多少颗。"我回答。

尤里上初二，我上高二。

她管我叫"哥哥"，但我并不是她的亲哥哥。

我的妈妈和尤里的妈妈是姐妹俩。也就是说，我是他的表哥。

她住在我家附近，比我小三岁。从小时候起我们就经常在一起玩耍。尤里很仰慕我，可能是因为我跟她都是独生子女吧。

我房间里堆着好些书，她很喜欢那些书，休息日总是泡在我家里读书。

①《银河铁道之夜》，宫泽贤治(著)，周龙梅(译)，少年儿童出版社2014年7月出版。

那天也是如此。我们一起看星星的图鉴，大本的图鉴上满是照片，织女星、牛郎星、天津四、南河三、天狼星、参宿四……星星的照片，说起来不过是发光点的集合，仿佛存在规律性，又好似没有。我们深深地沉浸在这份美丽之中。

"听说看夜空的人分成两种——'数星星的人'和'画星座的人'。哥哥你属于哪种？"

"我应该是数星星的那种吧。"

1.2　发现

"哥哥，高中学习难吗？"尤里一边问，一边摇晃着栗色的马尾辫，把书放回书架上。

"学习？没有那么难。"我擦着眼镜回答。

"但是，这里的书感觉都好难啊。"

"这些不是学校的课本，是我自己感兴趣才看的。"

"出于兴趣读的书反而更难，真怪。"

"因为自己喜欢的书都是拿来挑战自己理解极限的嘛。"

"一如既往，好多数学书啊……"尤里踮着脚，望着高大书架上的图书，努力想看清书脊。紧腿蓝色牛仔裤很配她那苗条的身材。

"尤里你讨厌数学吗？"

"数学？"尤里回过头，"嗯……说不上喜欢，也不讨厌。哥哥你应该是——喜欢的吧？"

"嗯，我喜欢数学。学校放学后，我也会在图书室里研究数学。"

"诶？"

"图书室在学校尽头，冬暖夏凉。我超喜欢图书室，每次去那都要拿上喜欢的书，基本上都是数学书，还带着笔记本和自动铅笔，在那写数学公式，然后思考。"

"诶？写数学公式？而且不是作业？"

"嗯。作业我课间休息的时候就写完了，放学后就开始摆弄数学公式。"

"那样……开心吗？"

"有时候也会画图，偶尔会发现一些美丽的东西。"

"诶？自己写笔记还会发现美丽的东西？"

"嗯，对啊，我自己都想不到。"

"尤里也想让哥哥教给人家喵～"

我这表妹，撒娇的时候不知怎的会学猫说话。

"好啊，现在就来试试看吧。"

1.3　找不同

我把笔记本在桌子上摊开，冲尤里招手。她拖着椅子轻轻坐在我左边。瞬间飘来一股洗发水的香气。尤里从胸前口袋中取出一副树脂边框的眼镜戴上。

"咦？这是哥哥写的？"

尤里探着头，惊讶地看着笔记本。是米尔嘉的笔迹。

"呃，这是哥哥的朋友写的。"

"诶，字好漂亮，简直跟女生写的一样。"

本来就是女生写的嘛。我心想。

哪个数字不同于其他数字？

101	321	681
991	450	811

"哥哥，这是什么题？"

"这个题叫作**找不同**。这里有六个数对吧？ 101, 321, 681, 991, 450，还有811。在这些数字中间，只有一个与别的数字'不同'。我们就是要找出这个数。"

"很简单啊，450 对吧？"

"嗯，正确。不同的是 450。为什么呢？"

"只有 450 不是以数字 1 结尾，其他五个数字都是以 1 结尾的。"

"没错……那么，你能答对下一道题吗？这也是我朋出的题。"

哪个数字不同于其他数字？

11	31	41
51	61	71

"诶？全部都以 1 结尾啊。"

"嗯，这一题跟上一题的规则不一样，每道题数字间的不同之处都是不一样的。"

"我不知道。哥哥你知道吗？"

"嗯，很明显啊，51 是不同的。"

"诶？为什么？"

"只有 51 不是**质数**。因为 $51 = 3 \times 17$ 可以分解质因数，所以 51 是合数，而其他都是质数。"

"这我怎么可能知道嘛！"

"那看看下道题如何？"

哪个数字不同于其他数字？

100	225	121
256	288	361

"嗯……哥哥，是 256 吧？其他数字中都有两个连续相同的数。100 的 00，225 的 22，288 的 88……对吧？"

"但是 121 不连续啊？"

"唔……有两个 1 相同，所以也算是啦。"

"那 361 又怎么算呢？"

"唔……"

"这道题里，不同的是 288。"

"为什么为什么？"

"只有 288 不是**平方数**。也就是说，只有 288 不能变成某个整数的平方的形式。"

$$100 = 10^2 \qquad 225 = 15^2 \qquad 121 = 11^2$$
$$256 = 16^2 \qquad 288 = 17^2 - 1 \qquad 361 = 19^2$$

"我说哥哥，我能知道这个才怪呢。"

"那下面这道题如何？哥哥我可是花了一整天才解开这道题的。"

哪个数字不同于其他数字？

239	251	257
263	271	283

"你能想一整天？太吓人了。"尤里说。

这时，我妈拿来了可可。

"啊，不好意思，谢谢您。"

"脚不要紧吧？"我妈问尤里。

"嗯。"

"她脚怎么了？"我问道。

"脚跟附近偶尔会非常痛。"尤里说。

"是不是生长痛啊……"

"没关系，我下周去医院看看。"

"是吗？话说回来，这房里要是多放一些尤里喜欢看的书就好了。"

我妈看了一圈我的书架说道。

"没事，我喜欢哥哥的书架。啊，这可可超级好喝的！"

"喜欢就好，留下一起吃晚饭吧。"

"好！不好意思总麻烦您。"

"想吃什么？"我妈来回看着我俩。

"这个嘛，健康点的就好。"

"不过，要有活力的！"我说。

"不过，要洋气的！"尤里憋着笑。

"不过，要有日本情调的！"我也笑了。

"喂，孩子们……你们以为妈妈是神仙吗。好，那我就试试满足你们这超级具体又一如既往的愿望吧。"

我妈说着走出了房间，我们鼓掌目送她。

1.4   时钟巡回

"别猜谜题了啦，之前说的'美丽的发现'是怎么回事啊？"

"那么我们就来谈谈**时钟巡回**吧。"

"嗯。"

"像这样，画个圆。——圆你知道吧。"

"当然！"

"画个圆，把它看成时钟。从 12 点的地方开始，每隔两个空连一条线。也就是先从 12 到 2 画一条线，然后再从 2 到 4 画一条线，接着从 4 到 6，从 6 到 8……明白吗?"

"当然明白。"

"一直画下去会怎么样?"

"会回到 12, 形成一个六边形。"

"没错, 会形成一个六边形。将 2, 4, 6, 8, 10, 12 连起来, 跳过 1, 3, 5, 7, 9, 11。"

"嗯, 我明白。把偶数连起来, 跳过奇数对吧。"尤里连连点头。

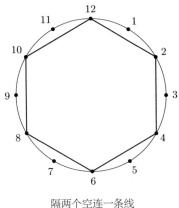

隔两个空连一条线

"对。啊, 尤里, 你还知道奇偶数啊!"

"喂, 哥哥! 你从刚才就……把我当笨蛋?"她生气地鼓起脸颊。

"没有没有, 那我们再画一个时钟。刚才是每隔两个空连一条线, 这次我们每隔 3 个空连一条线, 就是 3, 6, 9, 然后回到 12。"

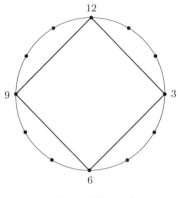

每隔3个空连一条线

"哥哥，这次形成了菱形呢。"

"然后我们将**级数**设为 4。"

"级数?"

"把'每隔 4 个空'称为'级数为 4'。级数为 4 时，就连上了 4、8 以及 12。"

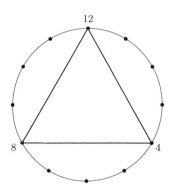

每隔4个空连一条线（级数为4）

"形成了三角形。"

"那么,再往下看。这次我们每隔 5 个空连一条线,也就是说——"

"也就是说,级数为 5 对吧。"

"对。这次就好玩了! 5, 10, 3, 8, 1, 6, 11, 4, 9, 2, 7,然后回到 12。"

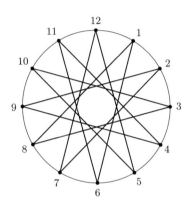

每隔 5 个空连一条线(级数为 5)

"哇! 好好玩,转得好漂亮啊!"

"是吧。尤里你刚刚说的'转得好漂亮',是说'把所有数字都连上了'吧。"

"嗯,对。绕一周后没有刚好回到 12,而是错过去了。每绕一圈就继续向下错位,最后终于回到 12。结果线通过了所有的数字。"

"没错。我们把时钟表盘上所有的数都绕一遍的现象称为**完全巡回**。级数是 5 的话,就能完全巡回。"

"我明白了。"

"接下来级数是 6。"

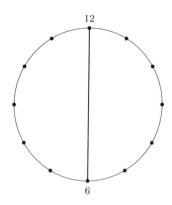

每隔6个空连一条线（级数为6）

"级数为6就没意思了，只有6和12啊。"

"那这次换尤里画画看。哥哥看着你画。"

"嗯，知道了，我试试看。嗯……级数是7对吧。从12开始，沿顺时针方向，每隔7个空连线。首先是7，然后是……2吧。2之后是9……9, 4, 11, 6, 1, 8, 3, 10, 5, 12。啊，完美地绕遍了所有数字。完全巡回！"

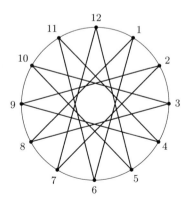

每隔7个空连一条线（级数为7）

"有没有发现什么？"

"发现什么？"

"随便什么都行。"

尤里看着图陷入了深思。

我从侧面看着她那认真的样子。栗色头发束在脑后，一脸专注的初二学生，眼镜与她的气质很是相称。

"嗯……不知道。"

"我们把刚刚级数 5 和级数 7 的图放在一起看看。"

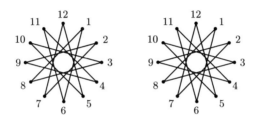

级数 5 和级数 7

"嗯？啊，顺序相反！嗯……每隔 7 个空顺时针连线的效果，刚好跟每隔 5 个空逆时针连线的效果一样。"

"对。那这次我们把级数换成 8……"

"啊，不行不行，哥哥！不准你画！我来画！这次是跟级数 4 的效果一样！"

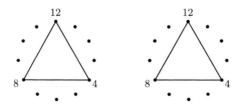

级数 4 和级数 8

"就是这样。"

"剩下的都交给我来画！"

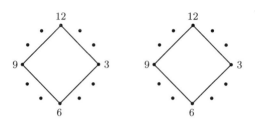

级数3和级数9

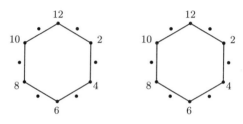

级数2和级数10

"好有意思啊。"

"把级数 1 和级数 11 也画出来啊，尤里。"

"啊，对······级数 1 的话不用空过去直接连就好了。——这也算完全

巡回吗？"

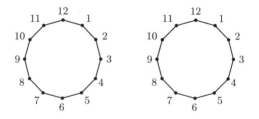

级数1和级数11

"级数为 6 时，说起来就是跟自己配成一对哦，尤里。"

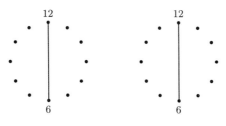

级数 6 和级数 6

"全部都组成了一对呢。嗯……自己动手画居然能有新发现。"尤里说。

"倒不如说，只有自己动手画才能有新发现。"

1.5 完全巡回的条件

"哥哥平常就在图书室干这些事吗？"

"嗯。哥哥我呀，就喜欢这种游戏。玩时钟巡回大概是初中时候的事了。那时候我在笔记本上画了好多这样的图形。"

"我说哥哥，这图形有什么秘密吗？"

"貌似是有什么规律。"

"嗯！确实！"

"比如说，什么时候能实现'完全巡回'呢？"

"嗯，级数是 1, 5, 7, 11 的时候？"

"是这样没错。嗯……先在这里总结一下吧。"

> **可实现完全巡回的级数总结**
>
> 　　若级数为 $1, 5, 7, 11$，可完全巡回。
>
> 　　若级数为 $2, 3, 4, 6, 8, 9, 10$，无法完全巡回。

"这不是明摆着的事吗？"

"就算是明摆着的事，最好也要认真总结下来哦，尤里。总结出具体例子，看级数是哪些数时可以实现完全巡回，然后据此找出级数的规律。'从具体例子中引出规律'称为**归纳**。为了进行归纳，要更认真地思考。你认为形成完全巡回的规律是什么？"

问题1-1　（完全巡回的规律）

　　级数具备何种性质时，可实现完全巡回？

"我不太明白呢……话说回来，感觉就像人家在跟哥哥一起研究呢。"

"尤里，不是就像在一起研究，而是正在一起研究哦。虽然问题本身很不起眼。"

1.6 巡回哪里

"我们试着把能巡回的数字按级数归纳到**表**里，不分先后顺序。"

1	1	2	3	4	5	6	7	8	9	10	11	12
2	2	4	6	8	10	12						
3	3	6	9	12								
4	4	8	12									
5	1	2	3	4	5	6	7	8	9	10	11	12
6	6	12										
7	1	2	3	4	5	6	7	8	9	10	11	12
8	4	8	12									
9	3	6	9	12								
10	2	4	6	8	10	12						
11	1	2	3	4	5	6	7	8	9	10	11	12

"怎么看这张表呢？"

"最左侧那列，竖着排列的 1～11 是级数。然后将与级数对应的巡回的数字从小到大排列，就是右边横着排列的那些数字。打比方说，级数为 3 时，就能巡回 3, 6, 9, 12 这四个数字，就是刚才我们画图时用线连起来的数字。从这张表中你能看出些什么吗？"

"感觉像倍数？"

"什么意思？"

"呃……我说不好。"

"这可不行。得把想到的都好好表达清楚。"

"那个，我感觉巡回的数字就是'巡回的数字中最小的那个数字'的倍数。"

"哦？比如说？"

"比如说，从上面数第二行，2, 4, 6, 8, 10, 12 全都是 2 的倍数。然后刚才哥哥你说的从上面数第三行的 3, 6, 9, 12 全都是 3 的倍数，对吧。所以右边最左端的数字是 1 的话，就可以转一周。就是完全巡回。举个例子，级数为 1, 5, 7, 11 时，对应那一行就把 1 ~ 12 所有数字都集齐了。因为每个自然数都是 1 的倍数！"

"原来如此！确实是这样。我们把 1, 5, 7, 11 这四行单独拿出来看看吧。"

1	1	2	3	4	5	6	7	8	9	10	11	12
5	1	2	3	4	5	6	7	8	9	10	11	12
7	1	2	3	4	5	6	7	8	9	10	11	12
11	1	2	3	4	5	6	7	8	9	10	11	12

"对吧对吧？"

"没错。能实现完全巡回的级数那行肯定包含 1，而且不能实现完全巡回的级数那行是不包含 1 的……"

"嗯嗯。这样问题 1-1（完全巡回的规律）就有答案了呢。"

"不不，还没有。问题要求的是级数的性质，所以必须说出巡回的数字中包含 1 的都有哪些级数。"

"什么意思啊，哥哥？"

"我们把'巡回的数字中最小的那个数字'称为**最小巡回数**。刚才你发现'最小巡回数'等于 1 的话就可以实现完全巡回对吧。"

"是这样呢。"

"问题是可以从'级数'计算'最小巡回数'吗？我们试着总结之前研究的内容，把从'级数'到'最小巡回数'的对应关系写出来，看看能不能找出'最小巡回数'的计算方法。"

$$\text{"级数"} \longrightarrow \text{"最小巡回数"}$$
$$1 \longrightarrow 1$$
$$2 \longrightarrow 2$$
$$3 \longrightarrow 3$$

$$4 \longrightarrow 4$$
$$5 \longrightarrow 1$$
$$6 \longrightarrow 6$$
$$7 \longrightarrow 1$$
$$8 \longrightarrow 4$$
$$9 \longrightarrow 3$$
$$10 \longrightarrow 2$$
$$11 \longrightarrow 1$$

"唔……人家看不出来。刚开始是 $1, 2, 3, 4$，怎么突然又回到 1 了呢。"

"那给你个提示。时钟的'表盘数字的个数'一共有 12 个对吧。结合 12 这个数字想想看。"

"表盘数字的个数"和"级数" $\longrightarrow$ "最小巡回数"
$$12 \text{和} 1 \longrightarrow 1$$
$$12 \text{和} 2 \longrightarrow 2$$
$$12 \text{和} 3 \longrightarrow 3$$
$$12 \text{和} 4 \longrightarrow 4$$
$$12 \text{和} 5 \longrightarrow 1$$
$$12 \text{和} 6 \longrightarrow 6$$
$$12 \text{和} 7 \longrightarrow 1$$
$$12 \text{和} 8 \longrightarrow 4$$
$$12 \text{和} 9 \longrightarrow 3$$
$$12 \text{和} 10 \longrightarrow 2$$
$$12 \text{和} 11 \longrightarrow 1$$

尤里拨弄着马尾辫，想了一阵。

"嗯……嗯……倍数？感觉左边的数字好像是右边的数字的倍数。"

"嗯？"

"比如从下往上数第四个，左边是 12 和 8，右边是 4 对吧。12 和 8

都是 4 的倍数！"

"原来如此，确实是这样……"

"啊，这个我在学校学过。这个叫公倍数，不不，搞反了，是公约数。右侧的'最小巡回数'是左侧两个数字的约数……因为是两个数字的约数所以是公约数！ 12 和'级数'——也就是'表盘数字的个数'与'级数'的公约数就是'最小巡回数'！"

"真厉害！可惜有点遗憾，不只是公约数这么简单哦。"

"诶？啊，对了，是**最大公约数**！"

"没错。那什么情况下能实现时钟的完全巡回呢？"

"最大公约数为 1 的时候。'表盘数字的个数'与'级数'的最大公约数为 1 的时候能实现完全巡回。"

"对，回答完全正确！"

"万岁！"

解答1-1　（完全巡回的规律）

　　"表盘数字的个数"与"级数"的最大公约数等于 1 时，可实现时钟的完全巡回。

"总之就是'互质'时可以实现完全巡回。"

"互……质？什么意思？"

"就是'最大公约数为 1'。"

互质

　　自然数 a 和 b 的最大公约数等于 1。

　　此时我们将 a 与 b 的关系称为**互质**。

"打个比方，12 和 7 的最大公约数等于 1，所以 12 和 7 是互质的。而 12 和 8 的最大公约数等于 4，所以 12 和 8 不互质。用互质可以这样描述完全巡回：只有'表盘数字的个数'与'级数'互质时，才能实现时钟的完全巡回。"

> **解答1-1a （完全巡回的规律）**
>
> 只有'表盘数字的个数'与'级数'互质时，才能实现时钟的完全巡回。

"嗯……互质啊。"

"尤里有一种打破砂锅问到底的精神，真了不起啊。刚才我列表的时候，你也问我该怎么去看来着。不太明白的时候就有必要打破砂锅问到底。尤里就是这种'打破砂锅问到底的人'呢。"

"因为人家笨嘛，好多东西都不懂。"

"尤里才不笨呢，勇于承认'不懂'是正确的，笨蛋是那些揣着不懂'装懂'的人。"

"哈哈……只有哥哥你才会表扬我的'不懂'。不过，能受到表娘好开心喵~"

"表娘？"

"不要在意细节！人家不好意思嘛，你就别吐槽了啦~"

1.7　超越人类的极限

"哥哥，这个时钟巡回也是数学吗？"

"是啊，我认为是标准的数学。"

"不过，怎么说呢……画个时钟，咕噜咕噜转，列个表……很有意思，不过还是更像玩游戏。这是数学吗？数学是什么？"

"数学是什么？——这一句话是说不清的。不过，调查数字的性质应该是数学重要的活动之一，归在**数论**这个领域。就像刚刚咱们两个那样，画画图，列列表，推测推测数字的性质，找出其中的规律。这确实很有游戏的味道，不过归根结底还是数学。一般规律不可能一眼就看出来，而是要通过分析具体的事例来导出，这个过程就是归纳。其口号就是**从特殊到一般**。"

"嗯……是这样吗？"

"这么说吧，表盘数字的个数一般有 12 个对吧。12 个数很少，用级数一个个去试，自己就能亲眼见证能不能实现完全巡回。但是要是有 100 个数字怎么办？虽然这时候已经算不上时钟了。要是有 1000 个，100 000 000 个数字呢？那时候，级数是多少才能实现完全巡回呢？"

"那么多想试都试不了。"

"对，我们没有办法实际去试。不过啊，就算不能靠画图实际确认，只要求出'表盘数字的个数'和'级数'的最大公约数，就知道能否转遍所有数字。即使自己不去尝试，世界上谁都不去实际尝试，我们也能知道答案。这就是数学的力量。"

"……"

"看穿问题中隐藏的规律，我们甚至能洞察自己无法到达的未来，以及世界的尽头。"

"看穿规律……"

"数学连**无限**都可以处理。既可以将无限时光折叠，放入信封，也可以将无限宇宙尽收掌心，令其高歌。这就是数学的乐趣所在。"

"喔……"

"数学很厉害的哦。"我说。

"数学是很厉害，但是哥哥你能这么热情地聊数学就更厉害了！比学校的老师还有热情！人家都吓了一跳喵……"尤里抿嘴笑着说，"哥哥你干脆将来当老师吧，你也很会教人。要是哥哥来当我的老师，人家成绩肯定会突飞猛进的。"

"但是等我当上老师的时候，尤里你都已经毕业了啊。"

"啊，对啊……"

尤里摘下眼镜，慢悠悠地放回胸前口袋，略带几分扭捏地摆弄着头发。不一会儿，她突然换了个话题。

"我说，'哥哥'这个称呼，是不是太孩子气了呢。"

"没有啊，你喜欢怎么叫就怎么叫。"

"嗯，也对！我说……哥哥。"

"什么？"

"那个……"

"嗯。怎么了？"

"你知道人家现在在想什么吗？"

我看着尤里，尤里看着我。她把手背在脑后，捏着马尾辫，上下啪嗒啪嗒地摇着，好像小马的尾巴。虽然发色是栗色，但随着光影变幻时而会闪烁出金色的光芒。

"在想什么？"我问道。

"嗯……算了，不告诉你喵。"

尤里笑着冲我露出两颗小虎牙。

1.8   究竟是什么东西，你们知道吗

"对了，哥哥之前花了一天琢磨的那个找不同的谜题，你还没告诉我答案呢。"尤里说。

哪个数字不同于其他数字？

239	251	257
263	271	283

"弄明白了其实很简单的。239, 251, 257, 263, 271, 283 这六个数都是质数。质数中只有 2 是偶数，所以这六个数理所当然都是奇数。也就是说，将它们除以 2 都会余 1。"

"这个嘛，确实如此。"

"那么，不去想 '除以 2 的余数'，换个角度想想 '除以 4 的余数'。列成表就是下面这样。"

$$239 = 4 \times 59 + 3 \quad 251 = 4 \times 62 + 3 \quad 257 = 4 \times 64 + 1$$

$$263 = 4 \times 65 + 3 \quad 271 = 4 \times 67 + 3 \quad 283 = 4 \times 70 + 3$$

"诶？有什么不一样的吗？"

"六个数中，只有 257 除以 4 余数为 1。剩下的五个数除以 4 余数都是 3。"

"啊……是这样没错。但是哥哥，这平常根本不会注意到啊。不觉得有些牵强吗？除以 4 有那么重要？"

"可是……听到自然数这个条件，就应该马上想到 '它是奇数还是偶数'。奇数和偶数用除以 2 的余数来区分。偶数余数为 0，奇数余数为 1。用除以 4 的余数分类这个方法也跟它很像。因为奇数除以 4 余数不是 1"

就是 3。哥哥我花了一天才注意到'用除以 4 的余数来分类'这件事。为这事儿我肠子都悔青了。"

"哥哥你真是喜欢数学啊！总觉得听哥哥讲话好有意思啊！人家想知道什么，哥哥就会马上告诉我。人家稍微提一句，哥哥就会告诉我像时钟巡回这么有意思的事，还会热情地跟我说关于数学的事……人家好想从哥哥那学更多东西啊……对了！不当学校老师也可以的，只要当人家的专属老师就好了！"

"请别人教是一方面，但是自己思考也很重要。即便是理所当然的事，也要想一想是不是果真如此，这种怀疑的态度是非常重要的。"

"简直就跟'猫老师'一样呢。"

"猫老师？"

"爸爸那有部老动画，猫老师是那里面的角色。嗯……它是这么说的。"

同学们……

这白茫茫的一片究竟是什么东西，你们知道吗？

"白茫茫的一片？"我又问道。

"嗯。说的是银河。虽然人们叫它'河'，但并不是一条河，它其实是由小星星汇聚而成的。猫老师其实是想让同学们去看它真实的样子。猫老师问焦班尼，焦班尼答不上来。可是啊，其实猫老师自己也不知道银河真正真实的样子。那之后，焦班尼坐着银河铁道列车体验了银河……"

"宫泽贤治的那部作品？"

"对对，就是那个。《银河铁道之夜》。"

"'究竟是什么东西，你们知道吗'——这真是个好问题。这是在问'真实的样子'啊……"

白茫茫一片的"真实的样子"。

数字本身"真实的样子"。

我们自身"真实的样子"。

……

这时，厨房传来了我妈的呼唤声。

"孩子们，开饭了！健康又有活力，洋气又有日本情调的——超辣茄子咖喱饭！"

高斯走过的路即数学的前进之路。

这条路具有归纳性。

从特殊到一般！此乃标语。

——高木贞治[3]

第 2 章

勾股定理

这时，柯贝内拉拿出一张圆盘板一样的地图，不停地转动着查看。那上面真有一条铁路线沿着白蒙蒙的天河左岸，通向正南方。

——宫泽贤治《银河铁道之夜》

2.1 泰朵拉

"学长？"

"嗯？"

"啊……抱……抱歉吓着你了。"泰朵拉说。

现在是午休时间，我跟泰朵拉一起在高中的楼顶吃着午饭。风儿微凉，但并不影响明媚的阳光给我们带来的好心情。泰朵拉吃着盒饭，我啃着面包。

"没事，嗯……我在想家里亲戚的事。"

"这样啊。"

泰朵拉微微笑了一下，继续吃她的盒饭。

她上高一，是小我一年的学妹。短发，大眼睛，总是笑眯眯的，个子小小的，跟我关系很好，我们总在一起学数学。基本上都是我在教她，不过她经常也会提出一些充满亮点的主意让我吃惊。

"对了，村木老师的卡片呢？"

"哦哦，差点忘了。"

她拿出卡片，上面只写了一句话。

问题 2-1

存在无数个基本勾股数吗？

"还是……那么简短。"

"素好短呐……"

泰朵拉大口嚼着煎蛋卷说。

"泰朵拉，你知道基本勾股数吗？"

"那当然，直角三角形斜边的平方等于剩余两边平方的和，对吧？斜边呢，就是跟直角相对的那条边！"

泰朵拉说着，用筷子在空中划出了一个大大的直角三角形。

"……"

"咦？不对吗？"

"你说的，是勾股定理……"

勾股定理

直角三角形斜边的平方等于两直角边的平方之和。

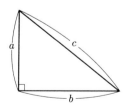

$$a^2 + b^2 = c^2$$

"勾股数和勾股定理有什么不一样吗？"

"这个嘛，有关系但是不一样。勾股数指的是可以构成直角三角形三边的一组自然数。"

我和她解释勾股数的定义。

勾股数

　　自然数 a、b、c 满足以下关系式时，可将 (a, b, c) 这一组的三个自然数称为勾股数。

$$a^2 + b^2 = c^2$$

"然后，基本勾股数的定义是这样的。"

基本勾股数

　　自然数 a、b、c 满足以下关系式，且 a、b、c 的最大公约数等于 1 时，将 (a, b, c) 这一组数称为**基本勾股数**。

$$a^2 + b^2 = c^2$$

"也就是说，直角三角形三条边为自然数时，这三个数的组合就是勾股数。要是最大公约数还等于 1，那这三个数就是基本勾股数。村木老师的问题就是，是否有无数个这样的基本勾股数。"

"啊……等等，我还不太明白'最大公约数为 1'的意思……"

"那我们来举个例子。打比方说，$(a, b, c) = (3, 4, 5)$ 是勾股数对吧？因为 $3^2 + 4^2 = 5^2$ 是成立的，计算一下就会知道 $9 + 16 = 25$。然而 $(3, 4, 5)$ 既是勾股数，也是基本勾股数。3、4、5 的最大公约数——也就是能整除这三个数的最大数为 1，对吧。"

"……学长，抱歉我的脑子有点跟不上。勾股数和基本勾股数的区别，我还是不太明白……"

"没事，不明白也没什么，再举几个例子。$(3, 4, 5)$ 既是勾股数，也是基本勾股数。但是，将这三个数分别乘以 2 得到的 $(6, 8, 10)$ 呢？它们虽然是勾股数，但不是基本勾股数。"

"嗯，$6^2 = 36, 8^2 = 64, 10^2 = 100$，而 $36 + 64 = 100$……确实，$6^2 + 8^2 = 10^2$ 是成立的，所以可以说 $(6, 8, 10)$ 是勾股数。嗯，到这里我理解了。又因为 $6, 8, 10$ 的最大公约数是 2，所以 $(6, 8, 10)$ 就不是基本勾股数……能整除三个数的数字只有 1，这样的才是基本勾股数，对吧？"

"对，村木老师的问题是，是不是存在无数个这样的基本勾股数。"

泰朵拉一脸认真，默默地思考着。不过因为嘴里咬着筷子，怎么也严肃不起来。不久，她很疑惑地问道：

"学长，很奇怪啊……对于直角三角形的三条边 a、b、c，$a^2 + b^2 = c^2$ 总是成立的对吧？然后各种改变边长，就可以造出无数个直角三角形，所以肯定有无数个基本勾股数不是吗？"

"静下心来，想想基本勾股数的条件。"

"咦？……啊，不对不对不对不对不对不对不对！"

泰朵拉呼呼地挥着手里的筷子。

"你一共说了 7 次'不对'，是质数。"我说。她还是这么慌慌张张的，如果换成尤里，可能会更淡定一些。泰朵拉还是一如既往地容易忘记条件。

"我不小心把自然数这个条件忘了！三条边中两条可以自由选择，所以满足自然数的条件。但剩下的一边就不一定是自然数了……"

"没错。要处理这个问题，就多找几个 $(3, 4, 5)$ 这样的基本勾股数的例子如何？"

"明白了，这就是学长你总挂在嘴边的那句'示例是理解的试金石'对吧？为了帮助自己理解，举出示例——"

泰朵拉真是又率直又有活力。不过……

"我说，你这也太危险了，别到处挥筷子行不行啊？"

"啊……对不起。"

泰朵拉赶紧放下手，满脸通红。

2.2 米尔嘉

"你去哪儿了？"

我刚回到教室，米尔嘉唰地一下就凑了过来。

米尔嘉上高二，跟我同班，是位才女。尤其数学出类拔萃。一头乌黑长发配上金属框眼镜，高挑挺拔，容姿端丽。只要她一靠近我身边，我就感觉周围的气氛瞬间严肃了。

"楼顶……"

"去楼顶吃午饭？"

她把脸凑近，紧盯着我的眼睛。柑橘系的香味由淡转浓，锐利的眼光笔直地刺向我的心里。不妙，她似乎心情不好。

"嗯……"

"嗯……背着我？"米尔嘉缓缓眯起了眼。

"这……这个……你……你看，午休的时候你不是不在教室嘛。所以我想你是不是去盈盈那了。"

我到底在找什么借口啊？可是不知怎的，我在她面前就是抬不起头来。

"我去老师办公室了。"她表情缓和了些，"我把之前的报告拿给村木老师看，还是老样子，他又给了我一张新的卡片，问题很奇妙。"

村木老师是我们的数学老师。人有点怪，不过很喜欢我们，经常会给我们出一些有趣的数学问题。虽然净是跟上课和考试完全无关的内容，但是最后反而使我们理解得更加清楚了。我、泰朵拉和米尔嘉都很享受和村木老师的这种交往方式。

米尔嘉把卡片递给我。

问题 2-2

以原点为中心的单位圆上，存在无数个有理点吗？

"**有理点**是……x 坐标和 y 坐标都是有理数的点，对吧？"我说。有理数是 $\frac{1}{2}$ 和 $-\frac{2}{5}$ 这种可以用整数比表示的数字。以有理数为坐标的点就叫作有理点。

"对。"米尔嘉点点头说，"在以原点为中心的单位圆圆周上，存在 $(1,0),(0,1),(-1,0),(0,-1)$ 这四个不证自明的有理点。问题是，除了这四个点之外，是否还存在其他'无数个'有理点。"

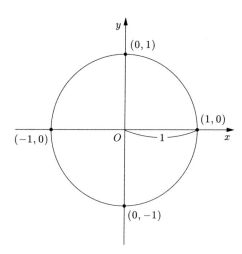

以原点为中心的单位圆以及四个不证自明的有理点

以原点为中心的**单位圆**，其半径为 1，而 $0,1,-1$ 这些整数也属于有理数的一种，所以它与坐标轴相交的点的确为有理点。

"单位圆上好像是存在无数个有理点啊……"我带着半分自说自话的语气念叨。

"为什么?"米尔嘉的眼睛一亮。

"因为,没办法避开密不透风的有理点去画出一个圆不是吗?"我说。

"那就不算数学了。"米尔嘉伸出食指,笔直地指着我。"别说我们的手了,就算是圆规,也画不出真正的圆。现实世界里,把圆画得再怎么正确,也不能知道它有没有通过有理点吧?"

"这个嘛,是这么回事。"我老实承认。圆的真实的样子……

"不过,在现实世界里,我们有胜过一切的道具——数学。是不是?"

"我知道了,米尔嘉。是我随随便便就下结论了。总之,把 a, b, c, d 设为整数,用 $(\frac{a}{b}, \frac{c}{d})$ 来表示单位圆上点的坐标,专心致志地算,就能得出结果了吧。"

"唔……这主意是不错。"米尔嘉好似唱歌般地说道。

"整数的结构,是由质因数表示的。"
"有理数的结构,是由整数之比表示的。"

然后,她恶作剧般地扬起了嘴角。

"不过,我刚刚在想别的事。"

"什么事?"

"你午饭是一个人吃的呢,还是……"

"诶?"居然冷不丁给了我一句。

"或者,能不能把圆上的有理点和'某个无数存在的东西'进行映射呢?"米尔嘉一下子把话题拉回了数学。

"我在楼顶和泰朵拉一起吃的午饭……"

"很诚实嘛。赐予尔骑士称号与宝剑。"

这么说着,米尔嘉往我眼前递了一条奇巧威化巧克力。

我郑重地接下了巧克力。

下午课的上课铃响了。

真是的，这都什么跟什么啊。

2.3　尤里

"啊，哥哥你来啦！人家好高兴喵！"尤里说。

"身体怎么样？"

放学后，我从学校坐公交去了中央医院。

看到我进入病房，尤里摘下树脂框眼镜，面带笑意，看上去很高兴。她似乎一直靠在床上读书，马尾辫上绑着黄色的缎带。

"总觉得有点糟糕。"尤里说。

几天前，也就是我们一起吃完茄子咖喱饭的第三天，尤里因为脚痛去了医院检查。没想到就这么住院了。具体不太清楚，说是发现骨头有些不对劲。

"你好，尤里，初次见面。"

泰朵拉从我背后探出脑袋。

"哥哥，这位是……？"

"我学妹泰朵拉。我们一起来探望你的。"

"这个送给你，尤里～"

泰朵拉把路上从花店买的一小捧花递给尤里。尤里沉默地接过花，点了点头回应。

"学长？她叫你哥哥？"泰朵拉问。

"尤里是我表妹，她从小就这么叫我。"

我在一边的金属折叠椅上坐下，泰朵拉也坐下，来回打量着病房。

"上次我们一起搞的时钟巡回,真是太有意思了!"尤里先一步说话,"'表盘数字的个数'和'级数'互质就能完全巡回对吧,人家最喜欢听哥哥讲数学了!谁让哥哥是人家的专属老师嘛!"

"学长确实很会教人呢,我也从学长那……"

"我说,哥哥!"尤里打断了泰朵拉的话,"那天晚上,我们一起吃的超辣咖喱饭,真是好辣哦!辣过头了,害得人家喝水都喝撑了。吃完饭后哥哥讲的费马大定理也好有意思啊……稍微变换一下勾股定理的方程式就没有自然数解了,还真是不可思议喵……"

尤里兴冲冲地说个不停,泰朵拉只好闭口不言。病房里的氛围开始有些不妙,这时尤里的妈妈进来了,我松了一口气。

"直接从学校过来的吗?制服挺漂亮的嘛!这位是……女朋友?哎呀呀,太客气了,其实呀……"

听完尤里妈妈的一通唠叨,我们赶紧走出了病房。

然而,尤里的妈妈追了上来。

"不好意思,尤里说有话想告诉你那位女朋友,能让她来一下吗?"

"诶?我吗?"

我在电梯前等了一分钟左右,泰朵拉就回来了。好像在深思着什么。

2.4 毕达哥拉·榨汁机

我们一起坐公交去车站,进了一家名叫"豆子"的咖啡店。

"她跟你说了什么?"我问。

"没……没什么。"泰朵拉含糊其辞,指着柜台里面说,"学长,你看!"

那里新添了一台榨汁机。机器上分布着螺旋形的钢丝轨道,橙子就从轨道的一端一个个滚入机器里。机器上面写着"毕达哥拉·榨汁机"。毕达哥拉?

"我要一杯橙汁！"

橙子咕噜咕噜地滚动着，落入机器的瞬间就被自动切碎了。直到橙子被绞出汁液为止，整个制作过程都是透明可见的。泰朵拉看着机器，我看着她。还真是个好奇心旺盛的女孩子啊。

"超级好喝的，学长！"泰朵拉喝着刚榨好的新鲜橙汁说，"话说回来，那之后我找了几个基本勾股数的例子。"

泰朵拉翻开笔记本。

$$(3, \ 4, \ 5) \qquad 3^2 + \ 4^2 = \ 5^2$$
$$(5, 12, 13) \qquad 5^2 + 12^2 = 13^2$$
$$(7, 24, 25) \qquad 7^2 + 24^2 = 25^2$$
$$(8, 15, 17) \qquad 8^2 + 15^2 = 17^2$$
$$(9, 40, 41) \qquad 9^2 + 40^2 = 41^2$$

"你怎么找的？"

"根据 $a^2 + b^2 = c^2$，把其中的 a 逐次增大，然后拿符合条件的自然数代入 b 和 c 中。我发现 $(a, b, c) = (3, 4, 5)$ 的话，$c - b = 5 - 4 = 1$ 成立。在我找到的这五组基本勾股数中，有四组都是 $c - b = 1$。这一定是个重要的线索！"

"不过，这是因为你找的方法太极端了吧？将 a 边边长设得很短，就会形成一个只有一边很短的直角三角形。比如说 $(9, 40, 41)$ 就是个非常细长的直角三角形。因为形状细长，所以斜边和另一直角边长度相近，这是再正常不过的事了吧。"

"这样啊……"

过了一会，泰朵拉说道："要是有个机器能像那个'毕达哥拉·榨汁机'那样，从上面把橙子放进去，下面就会自动出来基本勾股数就好了。"

"不过，放进不同的橙子要出来不同的基本勾股数才行呢！——哎呀，我们在胡说些什么呢。"

我们笑了。

2.5 家中

夜晚。

家里人都已进入梦乡。我独自在书桌前思考数学。旁边空无一人，无人与我搭话。这是我一天中非常宝贵的时间。

听课是为了刺激自己学数学，读书也是为了研究数学。但是如果不留出时间充分开动脑筋，动手实践，听课和读书就完全没有意义了。

今天就沉下心来思考泰朵拉的问题吧。

"存在无数个基本勾股数吗？"

首先，试着列表总结一下基本勾股数，看看能不能发现什么。

a	b	c
3	4	5
5	12	13
7	24	25
8	15	17
9	40	41

2.5.1 调查奇偶性

我注意到 c 肯定为奇数，于是就试着把表里所有的奇数都圈上了圆圈。

a	b	c
③	4	⑤
⑤	12	⑬
⑦	24	㉕
8	⑮	⑰
⑨	40	㊶

在奇数上圈上圆圈

咦？a 和 b 之中似乎总有一个是奇数。不过这是偶然？还是一般现象？我把心中的疑问记了下来。

> **问题 2-3**
>
> 存在 a 和 b 皆为偶数的基本勾股数 (a, b, c) 吗？

我认真地思考着。

嗯，这个问题不难。绝对不存在 a, b 都是偶数的情况。因为如果假设 a, b 都为偶数，这样由 $a^2 + b^2 = c^2$ 这个关系式可知，c 也会是偶数。因为 a, b 都是偶数的话，a^2 和 b^2 都是偶数，两个偶数的和 $a^2 + b^2$ 也是偶数。又因为 c^2 就等于 $a^2 + b^2$，所以 c^2 也是偶数。平方为偶数的数字只能是偶数，所以 c 是偶数。

也就是说，a, b 如果都是偶数，c 自然而然就为偶数。然而这违背了基本勾股数的定义：a, b, c 的最大公约数为 1。因为 a, b, c 全是偶数的话，a, b, c 的最大公约数就会大于等于 2。

由此可以说"a 和 b 不能皆为偶数"。虽然不知道这能否成为解开泰朵拉卡片上问题的重要线索，不过这的确是一个重要的事实。

我徘徊在数学公式的森林中，对于我而言，重要的事实犹如用来做标记的丝带。"a 和 b 不能皆为偶数"这个事实也是一条丝带。为了不时之需还是先绑在树枝上吧。说不定在探寻森林出口时就能派上用场。

> **解答 2-3**
>
> 不存在 a 和 b 皆为偶数的基本勾股数 (a, b, c)。

2.5.2 使用数学公式

嗯……基本勾股数中，a, b 不会皆为偶数，那么是否存在"皆为奇数"的情况呢？

> **问题 2-4**
>
> 存在 a 和 b 皆为奇数的基本勾股数 (a, b, c) 吗？

现在假定 a 和 b 都是奇数，然后跟刚才一样调查奇偶性。

a 是奇数，则 a^2 也为奇数。b 是奇数，则 b^2 也是奇数。$a^2 + b^2 = $ 奇数 $+$ 奇数 $=$ 偶数。由 $a^2 + b^2 = c^2$ 可知，c^2 为偶数。c^2 为偶数的话，c 也是偶数。也就是说，c 是 2 的倍数。2 的倍数的平方是 4 的倍数，因此可以得知 c^2 是 4 的倍数。嗯，这想法有戏。然后，然后……这之后能推断出什么呢？

好吧，用数学公式吧。

假定 a, b 皆为奇数，如下所示，分别用自然数 J, K 来表示 a, b。

$$\begin{cases} a &= 2J - 1 \\ b &= 2K - 1 \end{cases}$$

将其代入勾股定理。

$$a^2 + b^2 = c^2 \qquad 勾股定理$$
$$(2J - 1)^2 + (2K - 1)^2 = c^2 \qquad 代入 \ a = 2J - 1, b = 2K - 1$$
$$(4J^2 - 4J + 1) + (4K^2 - 4K + 1) = c^2 \qquad 展开$$
$$4J^2 - 4J + 4K^2 - 4K + 2 = c^2 \qquad 整理$$
$$4(J^2 - J + K^2 - K) + 2 = c^2 \qquad 把 4 提到括号外$$

在这个式子左边的 $4(J^2 - J + K^2 - K) + 2$ 中，因为后面的 $+2$ 是

用 4 除不尽的，所以整个式子用 4 除不尽。

另一方面，右边的 c^2 是 4 的倍数，也就是说可以被 4 整除。

左边用 4 除不尽，右边可以被 4 整除。这就构成了**矛盾**。

根据**反证法**，假定的"a, b 皆为奇数"不成立，因此 a, b 不能皆为奇数。

解答 2-4

不存在 a 和 b 皆为奇数的基本勾股数 (a, b, c)。

结果表明，a 和 b 其中一方为奇数，另一方为偶数。换言之，a 和 b 的奇偶性不一致。也就是说，只能存在"a 为奇数，b 为偶数"或"a 为偶数，b 为奇数"的情况。在此假设"a 为奇数，b 为偶数"。因为 a 和 b 的奇偶性刚好相反，所以想求"a 为偶数，b 为奇数"的情况时，只需要交换 a 和 b 的位置即可。

好了，继续吧！——话说，肚子有点饿了呢。

2.5.3　向着乘积的形式进发

我走到厨房，拿了一块妈妈珍藏的 GODIVA 巧克力。

说起巧克力，之前还从米尔嘉那拿了一块奇巧威化巧克力。我想起了当时她说的话。

"整数的结构，是由质因数表示的。"

确实，分解质因数就能明白整数的结构。但是怎么把 $a^2 + b^2 = c^2$ 分解质因数呢？嗯……不用质因数的乘积，只用"乘积的形式"表示行不行？

$$a^2 + b^2 = c^2 \qquad \text{勾股定理}$$
$$b^2 = c^2 - a^2 \qquad \text{将 } a^2 \text{ 移到等式右边，形成"两个数的平方差"}$$
$$b^2 = (c + a)(c - a) \qquad \text{"两个数的平方差等于两数之和乘以两数之差"}$$

嗯。这下得到了 $(c+a)(c-a)$ 的"乘积的形式"。但是 $c+a$ 和 $c-a$ 都不一定是质数，所以这不能称为分解质因数。这条路走不通吗……

嗯……啊，我太傻了，又不是"总忘记条件的泰朵拉"，怎么把条件给丢了呢。计算前不是已经假定 a 为奇数，b 为偶数了吗。因为 a 为奇数，b 为偶数，所以 c 就为奇数。这样 c 和 a 都是奇数，$c+a$ 就是偶数，$c-a$ 也是偶数。因为奇偶数之间普遍存在着以下关系。

$$奇数 + 奇数 = 偶数$$
$$奇数 - 奇数 = 偶数$$

因为 c 和 a 都是奇数，所以下述式子成立。

$$c + a = 偶数$$
$$c - a = 偶数$$

$c+a$ 和 $c-a$ 皆为偶数，b 也是偶数……。好，用数学公式把"偶数"表现出来看看。将 A, B, C 设为自然数，可写成如下形式。

$$\begin{cases} c - a &= 2A \\ b &= 2B \\ c + a &= 2C \end{cases}$$

等一下，这样 A 会不会变成负数呢？不，不会的。因为 a, b, c 是直角三角形的三条边，斜边 c 肯定长于直角边 a，也就是说 $c > a$。所以 $c - a > 0, 2A > 0$。那么，来研究一下 A, B, C 吧。

$$a^2 + b^2 = c^2 \qquad\qquad\qquad 勾股定理$$

$$b^2 = c^2 - a^2 \qquad\qquad 将\,a^2\,移到等式右边，形成"两个数的平方差"$$

$$b^2 = (c + a)(c - a) \qquad "两个数的平方差等于两数之和乘以两数之差"$$

$$(2B)^2 = (2C)(2A) \qquad 用\,A, B, C\,来表示$$

$$4B^2 = 4AC \qquad\qquad\qquad 计算$$

$$B^2 = AC \qquad\qquad\qquad 两边同时除以 4$$

这下就把勾股定理中自然数 a, b, c 的"和的形式"变换成了自然数 A, B, C 的"乘积的形式"。只调查一下 a, b, c 的奇偶性，就迈出了一大步。但是，还不知道这条路走得对不对。

$B^2 = AC$ 的左边是平方数，右边是乘积的形式。虽然化成了乘积的形式，不过下一步应该从哪边着手呢？

2.5.4　互质

$B^2 = AC$ 这个式子到底能说明什么呢？

我绕着房间来回转圈，冥思苦想，环视书架，突然脑中浮现出尤里踮着脚尖张望的背影。这时我耳边响起自己说过的那句话。

"就算是明摆着的事，最好也要认真总结下来哦。"

那么，总结一下明摆着的事吧。

- $c - a = 2A$。
- $b = 2B$。
- $c + a = 2C$。
- $B^2 = AC$。
- a 和 c 是互质的……

等等，a 和 c 是互质的吗？根据基本勾股数的定义可知，a, b, c 的最大公约数为 1。然而就算三个数的最大公约数为 1，其中两个数的最大公约数也不一定为 1。比方说 $3, 6, 7$ 这三个数的最大公约数为 1，但是把 3 和 6 单拿出来，它们的最大公约数是 3……

不，不对。因为存在 $a^2 + b^2 = c^2$ 这个关系式，所以在基本勾股数的情况下，可以说"a 和 c 的最大公约数是 1"。

现在假设 a 和 c 的最大公约数为 g，且 g 大于 1，那么存在自然数 J, K 使得 $a = gJ, c = gK$。然后……

$$a^2 + b^2 = c^2$$
$$b^2 = c^2 - a^2$$
$$b^2 = (gK)^2 - (gJ)^2$$
$$b^2 = g^2(K^2 - J^2)$$

这样 b^2 就是 g^2 的倍数，所以 b 是 g 的倍数。也就是说，a, b, c 这三个数都是 g 的倍数。然而这不符合 a, b, c 三个数互质这一条件，所以 a 和 c 的最大公约数 g 大于 1 这个假设不成立，所以 a 和 c 的最大公约数是 1，a 和 c 是互质的。

同理可证 a 和 b，b 和 c 之间也是互质的。

现在已知 a 和 c 互质。嗯……话说回来，此时 A 和 C 呢？A 和 C 也是互质的吗？

问题 2-5

a 和 c 互质，当 $c - a = 2A$，$c + a = 2C$ 时，可以说 A 与 C 互质吗？

我认为可以说 A 与 C 互质。但是说"认为"太主观，必须证明才行。

这个命题，用反证法马上就能证明了啊。

反证法——假定原命题不成立，从而推导出矛盾的方法。

要证明的命题是"A 和 C 互质"，所以反过来假设"A 和 C 不互质"。此时 A 和 C 的最大公约数不为 1，即大于等于 2。把 A 和 C 的最大公约数设为 $d\,(d \geqslant 2)$。d 是 A 和 C 的最大公约数，所以既是 A 的约数，也是 C 的约数。反过来说，A 和 C 都是 d 的倍数，因此存在满足以下关系式的自然数 A'，C'。

$$\begin{cases} A = dA' \\ C = dC' \end{cases}$$

另一方面，下式是成立的。

$$\begin{cases} c - a = 2A \\ c + a = 2C \end{cases}$$

那么就用 A' 和 C' 来表示 a 和 c。

$$
\begin{aligned}
(c+a) + (c-a) &= 2C + 2A && \text{把上述两个等式相加以消去 } a \\
2c &= 2(C + A) && \text{对等式两边进行整理} \\
c &= C + A && \text{将等式两边同时除以 2} \\
c &= dC' + dA' && \text{用 } A', C' \text{ 来表示 } A, C \\
c &= d(C' + A') && \text{提出 } d
\end{aligned}
$$

由 $c = d(C' + A')$ 可知"c 是 d 的倍数"。

这次我来消去 c。

$$(c + a) - (c - a) = 2C - 2A \qquad \text{将上述两个等式相减以消去 } c$$
$$2a = 2(C - A) \qquad \text{对等式两边进行整理}$$
$$a = C - A \qquad \text{将等式两边同时除以 2}$$
$$a = dC' - dA' \qquad \text{用 } A', C' \text{ 来表示 } A, C$$
$$a = d(C' - A') \qquad \text{提出 } d$$

由 $a = d(C' - A')$ 可知 "a 是 d 的倍数"。

因为 a 和 c 都是 d 的倍数，所以 $d \geqslant 2$ 是 a 和 c 的公约数。换言之，即 "a 与 c 的最大公约数大于等于 2"。然而问题中给出的条件是 a 与 c 互质，所以 "a 与 c 的最大公约数应该为 1"。好，这样就引出了**矛盾**。

出现矛盾，是因为最初假设了 "A 和 C 不互质"。因此，"A 和 C 不互质" 是不正确的，根据反证法可知 "A 和 C 互质"。

解答 2-5

a 与 c 互质，当 $c - a = 2A$，$c + a = 2C$ 时，可以说 A 与 C 互质。

至此已经求得 "A 与 C 互质"，这也是个重要的事实，是第二条标记用的丝带。

我将第二条丝带绑在树上，深呼吸。虽然有点累，不过还能在林中走一阵子。接下来，往哪儿走呢？

刚刚考虑的式子 $B^2 = AC$ 难不成相当于 "平方数" 等于 "互质的两个整数的乘积"？这难道是路标吗？

2.5.5 分解质因数

现在舞台已经从 a, b, c 转向了 A, B, C。

问题2-6

- A, B, C 是自然数。
- $B^2 = AC$ 是成立的。
- A 和 C 互质。

此时，就没有什么有趣的东西吗。

"有趣的东西"是指什么啊，我忍不住吐槽自己。

好像我已经从原本的问题——"存在无数个基本勾股数吗"跑偏到外星球去了。

我又想起了米尔嘉的歌。

"整数的结构，是由质因数表示的。"

这样啊……将 A, B, C 分解质因数，会变成什么形式呢？以下这种形式吗？

$$A = a_1 a_2 \cdots a_s \qquad a_1 \sim a_s \text{ 是质数}$$
$$B = b_1 b_2 \cdots b_t \qquad b_1 \sim b_t \text{ 是质数}$$
$$C = c_1 c_2 \cdots c_u \qquad c_1 \sim c_u \text{ 是质数}$$

把以上式子代入关系式 $B^2 = AC$ 观察一下。

$$B^2 = AC \qquad\qquad A, B, C \text{ 之间的关系式}$$
$$(b_1 b_2 \cdots b_t)^2 = (a_1 a_2 \cdots a_s)(c_1 c_2 \cdots c_u) \qquad \text{将 } A, B, C \text{ 分解质因数}$$
$$b_1^2 b_2^2 \cdots b_t^2 = (a_1 a_2 \cdots a_s)(c_1 c_2 \cdots c_u) \qquad \text{展开等式左边}$$

喔？将 B^2 分解质因数时，质因数 b_k 全变成了 b_k^2 这种平方的形式。

原来是这样。**将平方数分解质因数，就会发现里面包含偶数个质因数。**

例如 18^2 这个平方数，分解得 $18^2 = (2 \times 3 \times 3)^2 = 2^2 \times 3^4$，里面包含质因数 2 和 3，2 和 3 的个数都是偶数。想想就觉得理应如此。

根据质因数分解的唯一分解定理——分解质因数的方法是唯一的——可知，$B^2 = AC$ 的左边和右边，质因数列是完全一致的。左边出现的质因数应该也会在右边的某处出现。也就是说——

啊，我明白了！

在此，第二条丝带——"A 与 C 互质"这个条件有用了。A 与 C 互质，也就是说 A 与 C 的最大公约数为 1，换言之就是 A 和 C 没有共同的质因数。考虑 B 的质因数 b_k，则任意一个质因数 b_k 不包含在 A 中，就包含在 C 中！

沿用刚才的例子 $2^2 \times 3^4$，这个数可以表示为互质的两个自然数 A 与 C 的乘积。如果有 1 个质因数 2 包含在 A 的质因数分解中，则所有的 2^2 都应该包含在 A 的质因数分解中。如果有 1 个质因数 3 包含在 A 的质因数分解中，则所有的 3^4 都应该包含在 A 的质因数分解中。某个质因数不能同时放在 A 和 C 中。拿 $2^2 \times 3^4$ 来说，只能出现如下四种拆分方法。

A	C
1	$2^2 \times 3^4$
2^2	3^4
3^4	2^2
$2^2 \times 3^4$	1

A 和 C 中不能出现相同的质因数。而且质因数的个数是偶数……这也就意味着，A 和 C 都是平方数。

解答 2-6

- A, B, C 是自然数。
- $B^2 = AC$ 是成立的。
- A 和 C 互质。

此时，A 和 C 是平方数。

厉害厉害，因为 A 和 C 是平方数，所以可以用自然数 m, n 的平方来表示，如下所示。

$$\begin{cases} C & = m^2 \\ A & = n^2 \end{cases}$$

变量太多了很头痛，不过还可以前进。弄错了方向的话，再回头看看笔记就好。

因为 A 和 C 没有共同的质因数，所以毫无疑问，m 和 n 也是互质的。到头来 a, b, c 都可以用互质的 m 和 n 来表示了！

首先，因为 $a = C - A$，所以

$$a = C - A = m^2 - n^2$$

因为 $a > 0$，所以 $m > n$。又因为 a 是奇数，所以 m 和 n 的奇偶性应该是不一致的。

接下来，因为 $c = C + A$，所以下式是成立的。

$$c = C + A = m^2 + n^2$$

然后又因为 $b = 2B$，所以……这里需要计算一下。

$$B^2 = AC$$

$B^2 = (n^2)(m^2)$ 　　　　因为 $A = n^2, C = m^2$

$B^2 = (mn)^2$ 　　　　　整理

$B = mn$ 　　　　　　因为 $B > 0, mn > 0$，所以可以开平方

因此，可知下式是成立的。

$$b = 2B = 2mn$$

最后，a, b, c 就可以用互质的 m 和 n 来表示。

$$(a, b, c) = (m^2 - n^2, 2mn, m^2 + n^2)$$

反过来，像上面这样用 m 和 n 的形式表示的一组数 (a, b, c) 肯定是基本勾股数。这个只要计算一下就能确定。

$$
\begin{aligned}
a^2 + b^2 &= (m^2 - n^2)^2 + b^2 && \text{因为 } a = m^2 - n^2\\
&= (m^2 - n^2)^2 + (2mn)^2 && \text{因为 } b = 2mn\\
&= m^4 - 2m^2n^2 + n^4 + 4m^2n^2 && \text{展开}\\
&= m^4 + 2m^2n^2 + n^4 && \text{整理 } m^2n^2 \text{项}\\
&= (m^2 + n^2)^2 && \text{因式分解}\\
&= c^2 && \text{使用 } c = m^2 + n^2
\end{aligned}
$$

a, b, c 的互质关系也可以通过简单的计算得到。

研究奇偶性，留意着互质这个条件分解质因数……我得到了**基本勾股数的一般形式**。

基本勾股数的一般形式

　　互质的一组自然数 (a, b, c)，当满足关系式 $a^2 + b^2 = c^2$ 时，可全部用以下形式表示（可以交换 a, b 的位置）。

$$\begin{cases} a = m^2 - n^2 \\ b = 2mn \\ c = m^2 + n^2 \end{cases}$$

- m 和 n 互质
- 满足条件 $m > n$
- m, n 有一个是偶数，另一个是奇数

　　这下，隐藏在基本勾股数中的结构就浮现出来了。只要明确到这一步，泰朵拉的问题自然也就迎刃而解了。

　　不同的质数之间是互质的，所以使用质数列，就应该可以创造出无数个基本勾股数。例如设 $n = 2$，m 为大于等于 3 的质数。把 m 依次定为 $3, 5, 7, 11, 13$ 的话，从 m 和 n 的组合中可以创造出不同的 (a, b, c)。因为质数有无数个，所以可以创造出无数个基本勾股数。

　　路途很漫长，不过没有行差踏错。

解答 2-1

　　存在无数个基本勾股数。

2.6 给泰朵拉讲解

"这样啊！如果是我的话，是绝对想不到的……"泰朵拉扬起双手说道。

"嘘——"

第二天放学后，我在图书室跟泰朵拉讲解昨晚的解法。没错，方法就是投入 m, n 这两个水果，榨出基本勾股数这杯混合果汁。

"抱歉，学长。这个解法很厉害，但换成我的话是绝对想不到的。所以该怎么说呢……厉害是厉害，但是太厉害了，反而不好拿来参考了。这个解法唰地一下想不出来啊……"

"我也不是唰地一下就想到的。想问题就好比在森林里漫步。这样吧，这次我们一起来想想问题的本质。"

"好……"

"'整数'这个条件是非常强力的。"我展开了话题。

◎　　◎　　◎

"整数"这个条件是非常强力的。

基本勾股数的一大特征，就是它的范围不是实数集合，只包含整数，严格说来只包括自然数。实数的话值具有连续性，是不间断的。而整数的值具有离散性，是互相孤立的。

在做有关整数的研究时，**研究奇偶性**这个方法很有效。所谓"研究奇偶性"，就是问问自己某个数是奇数还是偶数。实数没有奇偶性，只有整数才谈得上奇偶性。只要出现"整数 = 整数"这样的等式，两边的奇偶性就是一致的。然后，"奇数 + 奇数 = 偶数""偶数 × 整数 = 偶数"这些计算也起到了作用。

"整数的结构，是由质因数表示的"这句话也很有用。将整数分解质因数，整数的结构就显而易见了。分解质因数的结果是唯一的，所以存在"整数＝整数"这个等式时，左边式子分解质因数的结果与右边式子分解质因数的结果是完全一致的。我们就利用这个条件。

如何利用呢？

我们将其落实到**乘积的形式**。构成乘积的数字称为**因数**。例如刚刚有提到 AC 这个乘积的形式。此时的 A 和 C 都是因数对吧。你应该知道，质数是不能再进行质因数分解的。如果是两个互质的因数的乘积，那么一个质因数是不能同时出现在这两个因数之中的。所以我采用了"两个数的平方差等于两数之和乘以两数之差"这个定理，将问题落实到两个整数的乘积上。

当然，实际研究问题时，**用数学公式进行表达**这门技术也是不可或缺的。例如，把"偶数"写作 $2k$，把"奇数"写作 $2k-1$ 的形式，平方数的话就写成 k^2。像这样，练习用数学公式进行表达是很重要的。之前泰朵拉你也说过"这就像写数学作文"对吧。将"奇数"写作 $2k-1$，应该就是数学作文的惯用句吧。

互质这一条件也很重要。两个数互质，也就是没有共同的质因数。根据这个条件才能获得"质因数不能分别包含于两个因数之中"这个决定性的要素。

就这样在一点点拓开道路，寻找标志性丝带的途中，就会逐渐找到森林的出口了。——嗯，或许会找到。

◎　　◎　　◎

"唉……"泰朵拉叹了口气。

"累了？"

"没……我没事。刚才讲的'用数学公式表达语言'那一块儿，学长逐步导入了不少变量呢。用数学公式表达'偶数'和'平方数'的时候……我很不擅长这个啊，感觉一导入变量反而更难了。"

"原来如此。"

"出现整数的时候，办法是先研究奇偶性，再分解质因数，变化成乘积的形式，然后除以最大公约数构成'互质'……"

"不过，这不适用于所有情况哦。"

"嗯嗯，这我知道，这只不过是想问题的思路。也就是说，有时候也会走错路对吧。"

"嗯……'弄错了方向的话，往回走就好'。细细想来，透过村木老师出的这个问题，似乎可隐约看见'整数真实的样子'。深究这个问题的话，是不是会逐步接近数字的本质呢……"

2.7 十分感谢

泰朵拉的声调突然沉了下来。

"学长，你知道……我……现在……在想什么吗？"

"诶？不知道。"

话说之前尤里也问了差不多的问题。

"知道我在想什么吗？"

"嗯……那个，搞得这么正式挺不好意思的……我想跟学长道谢。关于'存在无数个基本勾股数吗'这个问题，我也认真地想了。我真的有认真想过哦。今天听了学长一席话，受益匪浅。我知道了解决'整数'问题的独特方式——奇偶性、分解质因数、乘积的形式、平方数和互质。感觉整数发出了'吱嘎吱嘎'的声音。我之前一直以为整数比二次方程式和微积分简单，但是我错了。整数虽然看似很简单，但不能小看它，我得端正对它的态度……这都多亏了学长不厌其烦地帮我讲解。从学长的话中，我总能学到学校和书本里学不到的**东西**，一些总是令我恍然大悟的东西。"

泰朵拉说着，脸颊逐渐染上了红晕。

"很多事情，我之前都认为自己是'懂'的。勾股定理，我懂！整数，我懂！但是，或许我只是'自以为懂'……"

泰朵拉继续说着。

"现在我很明白自己不太懂整数。不过有学长在，我就会不屈不挠，勇往直前。现在我在森林中迷路了。不过，我感觉总有一天，我会从中脱身……我说的这些话，是关于数学，又不全是关于数学……"

泰朵拉双耳通红，深深地鞠了个躬。

"学长，谢谢你带给我这美好的旅途。"

2.8   单位圆上的有理点

第二天放学后，教室里只剩下我和米尔嘉。

"找到'某个无数存在的东西'，就没这么难了。"米尔嘉站在黑板前，说是要用有趣的方法证明"单位圆上存在无数个有理点"。

米尔嘉捏着粉笔，在黑板上慢慢地画了一个大圆。我用眼睛追着那美丽的轨迹。

"首先再来确认一次问题。"米尔嘉说。

◎   ◎   ◎

首先再来确认一次问题。设 (x, y) 为平面坐标上的一个点，则方程式 $x^2 + y^2 = 1$ 表示以原点为中心，半径为 1 的圆。在这个圆上"存在无数个有理点"，就相当于方程式 $x^2 + y^2 = 1$"存在无数个有理数解"，这两个命题是等价的。

现在，通过圆上的点 $P(-1, 0)$，以 t 为倾角画一条直线 ℓ。

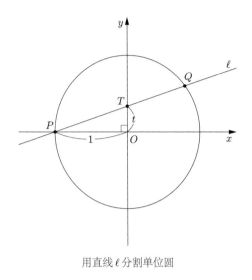

用直线 ℓ 分割单位圆

因为倾角为 t 时直线通过点 $T(0, t)$，所以直线 ℓ 的方程式如下。

$$y = tx + t$$

排除直线 ℓ 与圆相切于点 P 的情况，除点 P 之外，直线 ℓ 一定还与圆上另一点相交。我们称这个交点为 Q。要用 t 来表示点 Q 的坐标，只要解开下面的联立方程式即可。因为联立方程式的解就等于方程式所表示的图形的交点。

$$\begin{cases} x^2 + y^2 = 1 & \text{圆的方程式} \\ y = tx + t & \text{直线 } \ell \text{ 的方程式} \end{cases}$$

解这个联立方程式。

$$x^2 + y^2 = 1 \qquad \text{圆的方程式}$$

$$x^2 + (tx + t)^2 = 1 \qquad \text{代入 } y = tx + t$$

$$x^2 + t^2 x^2 + 2t^2 x + t^2 = 1 \qquad \text{展开}$$

$$x^2 + t^2 x^2 + 2t^2 x + t^2 - 1 = 0 \qquad \text{将 1 移到等式左边}$$

$$(t^2 + 1)x^2 + 2t^2 x + t^2 - 1 = 0 \qquad \text{提出 } x^2$$

因为 $t^2 + 1 \neq 0$，于是这就变成了一个关于 x 的二次方程式。虽然用二次方程式的公式来解也可以，不过由点 $P(-1, 0)$ 的 x 坐标可知，$x = -1$ 是这个二次方程式的一个解。所以可以像下面这样，提出 $x + 1$ 这个因式。

$$(x + 1) \cdot \Big((t^2 + 1)x + (t^2 - 1) \Big) = 0$$

该式与下式是等价的。

$$x + 1 = 0 \quad \text{或者} \quad (t^2 + 1)x + (t^2 - 1) = 0$$

因此可以像下面这样，用 t 表示 x。

$$x = -1 \quad \text{或者} \quad x = \frac{1 - t^2}{1 + t^2}$$

如果使用直线方程式 $y = tx + t$，也可用 t 表示 y。因为 $(x, y) = (-1, 0)$ 不是点 Q，所以我们只研究 $x = \frac{1 - t^2}{1 + t^2}$ 的情况。

$$y = tx + t$$
$$= t\left(\frac{1-t^2}{1+t^2}\right) + t$$
$$= \frac{t(1-t^2)}{1+t^2} + t$$
$$= \frac{t(1-t^2)}{1+t^2} + \frac{t(1+t^2)}{1+t^2}$$
$$= \frac{t(1-t^2) + t(1+t^2)}{1+t^2}$$
$$= \frac{2t}{1+t^2}$$

这样就得到 $x = \frac{1-t^2}{1+t^2}$，$y = \frac{2t}{1+t^2}$。这就是点 Q 的坐标，即

$$\left(\frac{1-t^2}{1+t^2}, \frac{2t}{1+t^2}\right)$$

那么，我在想能不能把圆上的有理点和"某个无数存在的东西"一对一对应呢？现在我们关注 y 轴上的点 T。使用点 T 的 y 坐标 (t)，通过加减乘除运算即可得到点 Q 的坐标。也就是说——**如果点 T 是 y 轴上的有理点，那么点 Q 也是有理点**。这是因为将有理数进行加减乘除运算得到的还是有理数。可以通过自由变换 y 轴上的无数个有理点得到点 T，点 T 不同，交点 Q 也不同。综上所述，这个单位圆的圆周上存在无数个有理点。

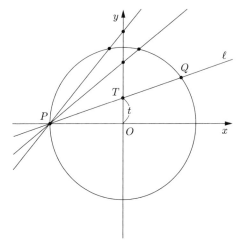

变换点 T, 点 Q 也随之运动

解答 2-2

以原点为中心的单位圆上, 存在无数个有理点。

◎　　◎　　◎

"原来如此……"我说。

"你还没发现吗?"米尔嘉说。

"什么?"

"今天你还真迟钝啊,我是说泰朵拉。"

"我没跟她一起吃午饭啊。"翻什么旧账啊?

"我不是问你那个,你没看见泰朵拉的卡片吗? 将 a, b, c 设为自然数,考虑勾股定理 $a^2 + b^2 = c^2$,两边同时除以 c^2,会出现什么?"

$$\left(\frac{a}{c}\right)^2 + \left(\frac{b}{c}\right)^2 = 1$$

"啊! $(x, y) = \left(\frac{a}{c}, \frac{b}{c}\right)$ 是 $x^2 + y^2 = 1$ 的解! 从勾股定理可以引出单位圆!"

"你要是说'出现了单位圆上的有理点'就好了。不同的基本勾股数,就对应不同的有理点 $\left(\frac{a}{c}, \frac{b}{c}\right)$。'存在无数个基本勾股数'和'单位圆上存在无数个有理点'是等价的。两张卡片本质上是一个问题。"

"什么?!"我惊呆了。

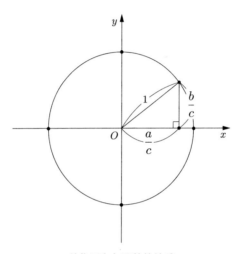

单位圆和勾股数的关系

"没想到你会这么吃惊,你真的一直都没注意到吗?"米尔嘉说。

没注意到……

泰朵拉的卡片上写着整数的关系。

米尔嘉的卡片上写着有理数的关系。

看了两张卡片,却没注意到是同一个问题……

"真没面子。"我说。

"嗯。搞得你这么失落,我也挺发愁的。把卡片组合不是村木老师的惯用招数吗。老师用两张卡片暗示了谜题。'调查方程式的解'是代数题,

'用图形来捕捉事物'则是几何题。代数与几何——村木老师想让我们看这两个世界。"

"两个世界……"我说。

"'数星星的人'和'画星座的人'。这两种人,哥哥你属于哪种?"

在此谷山-志村猜想登场。

空前绝后的推测,在毫无关系的两个世界间架起了桥梁。

没错,数学家这帮人,非常喜欢干架桥这种事儿。

——《费马大定理》[2]

第3章
互　质

啊，为什么没有人跟随自己走向那遥远的地方？

——宫泽贤治《银河铁道之夜》

3.1　尤里

"嗨～"表妹尤里拄着拐杖进来了。

现在是周六早上十点多，明亮的日光从窗户洒入我的房间。

"脚，怎么样了？"我问。

"嗯，还凑合吧。手术时间不长，有麻醉也不疼。看了 X 光片，不算什么大手术，只是稍微削去一点脚跟的骨头。不过，削骨头那会儿的震动感还留在身体里边哒哒哒哒个不停呢……"

尤里支好拐杖，在椅子上坐了下来。

"你刚出院，应该在家里多休息。"

"哎呀，没事的。话说，我有件事想拜托哥哥……那个，教人家数学呗。"

"怎么突然说这个？"

"上次哥哥问我能够实现完全巡回的级数的性质是什么，那时候人家没能马上说出最大公约数对吧。我在学校学过最大公约数。人家虽然笨，可这点东西觉得自己还是懂的。但听着听着哥哥的话，才发觉自己其实是不懂的。"

"……"

"哥哥，人家想要加倍努力地学习。"

"诶？"

"有什么奇怪的吗？"

"不不，一点都不奇怪。尤里很了不起，自己能觉得自己'不懂'。哥哥我惊讶的是泰朵拉……就是之前来探望你的我的那个学妹。她也说过跟你很像的话——'感觉自己不懂'。"

"呃……"

"刚才你说的那些，我很明白。比如倍数。说起自然数中 2 的倍数，就是 $2, 4, 6, 8, 10$ 等；问起 12 的约数，稍微想一下就能知道是 $1, 2, 3, 4, 6, 12$。这些例子确实简单，但实际很深奥哦。最好问一下自己——真的懂倍数和约数的'真实的样子'吗？"

"哦……"

"约数、倍数还有质数……它们的定义很简单，然而从它们衍生出的世界是奥妙丰富的。其实数论的最尖端，还在进行着关于'质数'的研究。"

"嗯？质数这东西，不是早就弄明白了吗？数学家们居然还在研究？！"

"对。要不要先学学质数？沿着这条路往前走，远方甚至连着现代最尖端的数学哦。当然，通向它的路很长很长。"

3.2 分数

我打开笔记本,尤里一如既往地从口袋中取出眼镜戴上,凑到我身边。可能是因为阳光吧,一瞬间,她的马尾辫闪出了金色的光芒。

"尤里你擅长计算分数吗?"

"还行吧。"

"分数之间的加法是怎么计算的?比如说,这个。"

$$\frac{1}{6} + \frac{1}{10}$$

"简单。化成同分母再相加就好了。嗯……用 6 乘以 5,用 10 乘以 3,让两个分母都变成 30,然后……"

$$\frac{1}{6} + \frac{1}{10} = \frac{1 \times 5}{6 \times 5} + \frac{1 \times 3}{10 \times 3} \qquad \text{把分子和分母乘以相同的数}$$

$$= \frac{5}{30} + \frac{3}{30} \qquad \text{进行通分}$$

$$= \frac{5+3}{30} \qquad \text{把分子相加}$$

$$= \frac{8}{30} \qquad \text{相加后的结果}$$

$$= \frac{\overset{4}{\cancel{8}}}{\underset{15}{\cancel{30}}} \qquad \text{进行约分}$$

$$= \frac{4}{15} \qquad \text{约分后的结果}$$

"哥哥,这样就可以了吧。"

"是呢,**通分**然后再把分子相加,最后**约分**。"

"嗯。"

"你通分用的是最小公倍数,约分用的是最大公约数对吧。"

"诶？嗯……这么说的话，是这样啊。"

"把自然数中 6 的倍数和 10 的倍数排成一串，此时首次出现的相同数字就是 6 和 10 的**最小公倍数**，也就是 30 对吧。"

6 的倍数	6	12	18	24	㉚	36	⋯
10 的倍数	10	20	㉚	40	50	60	⋯

"约分的时候，用分子 8 和分母 30 的最大公约数 2 除分子和分母。把 8 的约数和 30 的约数列出来，其中相同的数中最大的那个数就是**最大公约数**，也就是 2。"

8 的约数	1	②	4	8				
30 的约数	1	②	3	5	6	10	15	30

$$\frac{1}{6} + \frac{1}{10} = \frac{5}{30} + \frac{3}{30}$$

通分：把 6 和 10 的最小公倍数 30 作为分母

$$= \frac{8}{30}$$

$$= \frac{\overset{4}{\cancel{8}}}{\underset{15}{\cancel{30}}}$$

约分：用 8 和 30 的最大公约数 2 除分子和分母

$$= \frac{4}{15}$$

"那么来猜个谜，分数 $\frac{4}{15}$ 中，分子 4 和分母 15 的关系是？"

"不知道。"

"回答得也太快了！这么容易就放弃了啊。"

"我又没学过 4 和 15 的关系。"

"不，尤里的专属老师应该讲过哦。"

"诶？就是说哥哥讲过？我学过吗？"

"答案是……互质。4 和 15 是互质的。刚才你用最大公约数 2 除了"

8 和 30，出来的结果是 4 和 15。因为除完了最大公约数，所以 4 和 15 的最大公约数是 1。最大公约数是 1 的数字，它们之间的关系称为互质。我之前讲过吧。"

"那，约分就是让分子和分母互质吗？"

"对啊。分子和分母互质的分数，称为**最简分数**，也叫**既约分数**，也就是已经约分完的分数。**用最大公约数除两个数，使它们互质**的计算是基本知识。要好好留意哦。"

"遵——命——"

3.3　最大公约数和最小公倍数

"我们来做一下最大公约数和最小公倍数的练习。"我写下了问题。

> **问题 3-1**
>
> 假设 M 和 L 分别表示自然数 a, b 的最大公约数和最小公倍数。
>
> 那么，请用 M 和 L 表示 $a \times b$。

"哥哥，人家不懂啊。"

"回答得太快了！都说过你太轻言放弃了！"

"人家没学过这个公式嘛！"尤里嘟起了嘴。

"就算没学过公式，也能想想吧。——好吧，那我们一起想。"

"嗯！"

"我们尽量把问题具体化。特别是像出现 a, b, M, L 这样很多变量的情况下，代入具体数字思考是非常关键的 。"

"举出具体数字就行吗？那试试让 $a = 1, b = 1$ 吧！ $a \times b = 1 \times 1 = 1$。

a, b 的最大公约数就是……嗯，是 1 对吧，也就是说 $M = 1$。然后最小公倍数……嗯，$L = 1$。

怎么出现这么多 1 啊，越来越糊涂了。"

"我说啊，尤里，全在脑子里想的话，就会乱成一锅粥的。好好用表格总结一下。"

a	b	$a \times b$	M	L
1	1	1	1	1

"很麻烦嘛。"

"尤里，让 $a = 1, b = 1$ 的话，它们就都是最小的自然数，而且相等。这是极为特殊的例子。所以试着想想 $a \neq b$，而且数字再大一点的例子。比如说，$a = 18, b = 24$ 怎么样？"

"知道了，我试试看。$a = 18, b = 24$ 的话……"

$$a = 18 = 2 \times 3 \times 3$$
$$b = 24 = 2 \times 2 \times 2 \times 3$$

"你分解了质因数啊。"我说。

"嗯……最大公约数是把两个数都包含的数字合在一起，它们都包含一个 2 和一个 3，所以最大公约数是 $2 \times 3 = 6$。"

"没错。最大公约数 $M = 6$。那么，最小公倍数呢？"

"最小公倍数是把至少其中一方包含的数字合在一起，在这两个数中，有三个 2 和两个 3，所以最小公倍数是 $2 \times 2 \times 2 \times 3 \times 3 = 72$。"

"最小公倍数 $L = 72$。那么，在表格中再追加一行。"

a	b	$a \times b$	M	L
1	1	1	1	1
18	24	432	6	72

"怎么用 6 和 72 得到 432？"我说。

"不是做乘法吗？$a \times b$ 就等于 $M \times L$ 吧？"

"你确认看看。"

$$a \times b = 18 \times 24 = 432$$
$$M \times L = \ 6 \times 72 = 432$$

"你看吧！果然没错！它们都等于 432！"

"是呢。刚好 $a \times b = M \times L$。那么在这里，我来简明易懂地说明一下。"

"诶？"

"再写一次将 $a = 18, b = 24$ 分解质因数的过程。这次我们试着把位置上下整合一下。"

$$
\begin{array}{ccccccc}
a & = & & & 2 & \times & 3 & \times & 3 \\
b & = & 2 & \times & 2 & \times & 2 & \times & 3
\end{array}
$$

"同样也把 $M = 6, L = 72$ 写出来看看。"

$$
\begin{array}{ccccccc}
M & = & & & 2 & \times & 3 \\
L & = & 2 & \times & 2 & \times & 2 & \times & 3 & \times & 3
\end{array}
$$

"比对这两张表格，就能理解 $a \times b = M \times L$ 了吧。"

"一点儿都不知道！"

"是吗？尤里刚刚你说过的吧？"

"最大公约数是把两个数都包含的数字合在一起"。

"最小公倍数是把至少其中一方包含的数字合在一起"。

"哥哥听得好仔细啊。"

"尤里说的'两个数都包含的数字'和'其中一方包含的数字'里面的'数字'指的是什么？"

"是2和3啊。"

"对啊。分解质因数时出现的一个一个的质数就叫作**质因数**。尤里，跟我说一次'质因数'。"

"诶？'质因数'……为什么要让我重复？"

"出现新词语的时候，自己反复念出来比较好哦。这样就会深深地刻在'心的索引'里了。"

"诶？然后呢？"

"把位置整合以后写出来就会发现，$a \times b$ 和 $M \times L$ 的合成方法不同，但出来的质因数是相同的。"

$$
\begin{array}{rcccccccc}
a & = & & & & & 2 & \times & 3 & \times & 3 \\
b & = & 2 & \times & 2 & \times & 2 & \times & 3 \\
\hline
a \times b & = & 2 & \times & 2 & \times & 2^2 & \times & 3^2 & \times & 3 \\
\\
M & = & & & & & 2 & \times & 3 \\
L & = & 2 & \times & 2 & \times & 2 & \times & 3 & \times & 3 \\
\hline
M \times L & = & 2 & \times & 2 & \times & 2^2 & \times & 3^2 & \times & 3
\end{array}
$$

"确实，很明显 $a \times b = M \times L$，它们分别乘起来的东西是一样的。"

"东西？"

"啊……乘起来的质因数是一样的。"

"嗯，分解质因数，就是把自然数分解成质因数的乘积。分解质因数非常重要，因为它能让我们看到自然数的结构。"

"分解质因数，有这么重要啊……"

"想到这里，我们就很清楚 $a \times b = M \times L$ 的关系了。$a \times b$ 是'a 的所有质因数'和'b 的所有质因数'的乘积。而 $M \times L$ 从结果上来说也是一样的。因为最大公约数 M 是'a 和 b 所有重复的质因数'的乘积，最小公倍数 L 是'除 a 和 b 重复的质因数之外的所有质因数'的乘积。"

解答 3-1

假设 M 和 L 分别表示自然数 a, b 的最大公约数和最小公倍数。

那么，

$$a \times b = M \times L$$

是成立的。

"请听题。把 a 和 b 分解质因数，变成以下这种形式。这时 a 和 b 是什么关系呢？"

$$
\begin{array}{ccccccccc}
a & = & 2 & \times & 3^4 & & & \times & 11 \\
b & = & & & & 5^2 & \times & 7^2 &
\end{array}
$$

"哈哈。没有共同的东西。"

"你说的共同的'东西'是？"

"是质因数！a 和 b 没有共同的质因数对吧。"

"这是有专门的词汇的啊……"

"知道了知道了知道了知道了知道了！"

"你说了五次'知道了'。质数。"

"a 和 b 是'互质'的关系！"

"对，完全正确。"

"哥哥！人家可能已经习惯说'互质'了！"

"那就太好了。"

3.4　打破砂锅问到底的人

"用脑子用得肚子都饿了。我想吃那个！"

尤里指着一瓶糖果。

"我讨厌薄荷，要柠檬的……谢谢。之前哥哥说过人家是'打破砂锅问到底的人'对吧。但是哥哥才是这种'打破砂锅问到底的人'呢。学校的老师都不会去确认我们有没有理解。老师只是问一下'大家都听懂了吧？'而已，然后就不管我们，想往下讲了。这时候怎么可能有人会站出来说'老师我不懂'呢？教室都是一片寂静的，然后老师就往下讲了。为什么要那么着急往下讲啊！有时候认真思考过后，我也有想问的东西啊……"

"……"

"那个，我想向哥哥学习，因为我觉得跟哥哥说什么都没关系。即使我说'不知道'，哥哥也不会对我发火。即使我说了'我明白'以后再来句'我果然还是不知道'，哥哥也不会冲我生气。不管我反复问多少次，哥哥都会陪着我直到我弄明白为止。这就是我为什么喜……嗯嗯。"

尤里抱着胳膊独自点头。

"……算了，总之人家想多学一些。"

"那么，我来出下一个问题吧？"

"不好意思，哥哥讲之前，我能去趟洗手间吗？"

"啊，去吧，不用客气，你去吧……"

"不是说这个啊，人家一只脚站着太费劲了。"

啊，对了，拐杖。我拉起尤里的手。

"谢谢哥哥。你真温柔。顺便借我一下肩膀。"

"咱俩有身高差，还真有点难度。——话说你居然这么沉！"

"真……真没礼貌！居然对一个弱女子这么讲话！"

　　我挽着名叫尤里的弱女子(自称)，把她扶到了厕所。总感觉她身上有种"暖暖的阳光的味道"。

　　就在那时，米尔嘉出现了。

3.5　米尔嘉

　　诶？为什么米尔嘉会出现在我家？
　　"二人三足？看起来挺开心嘛。"米尔嘉若无其事地说道。
　　"嗯，啊……诶？"我混乱了。
　　"哥哥，手，可以放开了。"尤里小声地说。
　　"啊……是啊。嗯。"
　　"正好，这是你哥哥的同班同学米尔嘉。"我妈突然出现说，"我去给你们拿点喝的。"

　　……米尔嘉在我房间。感觉真奇妙。
　　我妈拿来了茶和曲奇。
　　"慢慢聊哦。"
　　"好的。"米尔嘉优雅地点头回应。
　　"那个，什么事？"我问。
　　"你的志愿表，在我的书包里。"
　　"谢谢。"她专门坐电车来送给我的吗？
　　尤里从厕所回来，用胳膊肘戳戳我(哥哥，介绍一下)。
　　"这位是我表妹尤里，今年上初二。"
　　"我知道她。"米尔嘉说。

诶？她为什么知道？

"这位是我同班同学米尔嘉，跟我一个年级。"

"同班同学当然是一个年级的啦。"尤里说。

这个嘛，这么说也对。

米尔嘉凝视着尤里。尤里也看了一阵子米尔嘉，但很快就把头低下了。这场视线压力的较量，尤里看来是输了。

"你跟尤里长得很像。"米尔嘉说。

"是吗⋯⋯刚刚我正好在教她数学。"

"哦?"米尔嘉说。

"刚刚教到'假设 M 和 L 分别表示 a 和 b 的最大公约数和最小公倍数，那么请用 M 和 L 表示 $a \times b$'这个问题对吧。"尤里对我说。

"$M \times L$。"米尔嘉立刻回答道。

沉默。

米尔嘉迅速闭上眼，手指转了一圈，睁开了眼。

"那，我来说说质数指数记数法吧。"

3.6　质数指数记数法

3.6.1　实例

我来说说质数指数记数法吧。

将自然数分解质因数，留意质因数的指数。比如说，将 $n = 280$ 像下面这样分解质因数。

$$
\begin{aligned}
280 &= 2 \cdot 2 \cdot 2 \cdot 5 \cdot 7 &\quad& \text{将 280 分解质因数} \\
&= 2^3 \cdot 3^0 \cdot 5^1 \cdot 7^1 \cdot 11^0 \cdots &\quad& \text{留意质因数的指数} \\
&= \langle 3, 0, 1, 1, 0, \cdots \rangle &\quad& \text{只将指数聚在一起}
\end{aligned}
$$

像 $\langle 3, 0, 1, 1, 0, \cdots \rangle$ 这种表示方法，就称为**质数指数记数法**。此外，我们把其中的数字 $3, 0, 1, 1, 0, \cdots$ 称为**成分**。成分列是无穷数列，但最后以 0 无限持续下去，所以实际上是有穷数列。

3^0 指的是质因数中含有 0 个 3，也就是说不含有 3 这个数。因为 3^0 等于 1，所以可以理解为乘以了一个 1。

一般情况下，自然数 n 的质数指数记数法可以写成下面这种形式。

$$n = 2^{n_2} \cdot 3^{n_3} \cdot 5^{n_5} \cdot 7^{n_7} \cdot 11^{n_{11}} \cdots$$
$$= \langle n_2, n_3, n_5, n_7, n_{11}, \cdots \rangle$$

在这里 n_p 表示将自然数 n 分解质因数的时候，出现了多少个质数 p。例如，$n = 280$ 时，$n_2 = 3, n_3 = 0, n_5 = 1, n_7 = 1, n_{11} = 0, \cdots$。

因为分解质因数有唯一性，所以这个质数指数记数法和自然数是一一对应的关系。也就是说，任何自然数都可以用质数指数记数法来表示。相反地，质数指数记数法中也存在着与其对应的自然数。

那么，我给尤里你出个题。

◎　　◎　　◎

"那么，我给尤里你出个题。下面的质数指数记数法表示的是什么自然数？"米尔嘉在笔记本上写下了如下数字。

$$\langle 1, 0, 0, 0, 0, \cdots \rangle$$

"我认为是……2。"尤里说。

"对，等于 2。"米尔嘉说。

$$\langle 1, 0, 0, 0, 0, \cdots \rangle = 2^1 \cdot 3^0 \cdot 5^0 \cdot 7^0 \cdot 11^0 \cdots$$
$$= 2$$

尤里轻轻点了点头，感觉状态跟平常不太一样啊。

"那么，下一个问题。这个是？"米尔嘉说。

$$\langle 0, 1, 0, 0, 0, \cdots \rangle$$

"3 吧。"尤里声音小到几乎听不见。

"没错。这就好。"米尔嘉说。

$$\langle 0, 1, 0, 0, 0, \cdots \rangle = 2^0 \cdot 3^1 \cdot 5^0 \cdot 7^0 \cdot 11^0 \cdots$$
$$= 3$$

"这你明白吗？"米尔嘉继续问道。

$$\langle 1, 0, 2, 0, 0, \cdots \rangle$$

"不知道。"尤里马上回道。

"不行。"米尔嘉眼神一下子变凶了，"你这回答速度就证明了你根本没想。再有恒心一点，尤里。"

米尔嘉严厉的语气让尤里僵住了。

"可是，人家就是不知道嘛。"尤里含含糊糊地说。

"尤里能答出来，只是怕说错而已。"米尔嘉一下子把脸凑到尤里面前，"因为害怕，所以就想'与其说错，不如干脆说不知道好了'，对吧？"

"……"尤里无言以对。

"胆小鬼。"

"是 27！"尤里半带哭腔地答道。

"错了。"米尔嘉立刻说道，"最后不是加法。"

"啊，对啊。是乘法。是 50。"尤里一脸平静，像没发生过任何事般答道。

"对。这样就对了。"

$$\langle 1, 0, 2, 0, 0, \cdots \rangle = 2^1 \cdot 3^0 \cdot 5^2 \cdot 7^0 \cdot 11^0 \cdots$$
$$= 2 \cdot 25$$
$$= 50$$

"米尔嘉，人家明白了。质数指数记数法。"

"是吗？那么，这个呢？"米尔嘉又问道。

$$\langle 0, 0, 0, 0, 0, \cdots \rangle$$

"不知道。"尤里说。

"尤里。"米尔嘉声音中带着几分威严。

"0？"尤里说。

"不对。你怎么算的？"

"因为全部都是 0，乘起来就是 0。"尤里说。

"你怎么算的？"米尔嘉又重复了一遍。

"都说了，全部……啊，这样啊。$2^0 \cdot 3^0 \cdot 5^0 \cdot 7^0 \cdot 11^0 \cdots$，所以答案是 1。"

"好的。"

$$\langle 0, 0, 0, 0, 0, \cdots \rangle = 2^0 \cdot 3^0 \cdot 5^0 \cdot 7^0 \cdot 11^0 \cdots$$
$$= 1 \cdot 1 \cdot 1 \cdot 1 \cdot 1 \cdots$$
$$= 1$$

"尤里，答得不错哦。"

米尔嘉露出了笑容，那笑容温柔得仿佛能包容一切。

3.6.2 节奏加快

米尔嘉喝了一口茶之后，像节拍器打节奏一样挥动手指，非常有节奏地问尤里："质数指数记数法 $\langle n_2, n_3, n_5, n_7, n_{11}, \cdots \rangle$ 中，其中一个成分为 1，剩下的成分都为 0 的数字 n，我们管它叫什么好呢？"

"质数？"尤里回答。

"好。那么，所有成分都为偶数的数字，我们叫它什么？"

"我不知……等等，让我想想。"

尤里从米尔嘉手里接过了铅笔，在笔记本上写写画画，开始思考。

米尔嘉真是厉害啊……把尤里摸得很透。确实，尤里有时候会不假思索就回答"不知道"。

"我或许弄错了，难不成是……开平方后是自然数的数？"尤里说。

"打比方说，什么数呢？"米尔嘉说。

"4 啊，9 啊，16 啊……"

"好的。尤里你理解得很正确。你说的那个叫作平方数。"

"平方数。"尤里重复了一遍。

"顺便问一句，1 是平方数吧？"

"是。"

"即使用质数指数记数法表示 1，其所有的成分也是偶数？"

"因为 $1 = \langle 0, 0, 0, 0, 0, \cdots \rangle$，所以……对，确实是偶数！"

3.6.3　乘法运算

米尔嘉继续流畅地讲着。

"那么，接下来我们试着用质数指数记数法做一下乘法。用质数指数记数法来表现两个自然数 a 和 b，结果如下。"

$$a = \langle a_2, a_3, a_5, a_7, \cdots \rangle$$
$$b = \langle b_2, b_3, b_5, b_7, \cdots \rangle$$

"此时，两个自然数 a 和 b 的乘法运算表示如下。"

$$a \cdot b = \langle a_2 + b_2, a_3 + b_3, a_5 + b_5, a_7 + b_7, \cdots \rangle$$

"这是指数幂运算法则中的一种。很有意思。乘法运算本应比加法运算更复杂，可在这里直接将成分相加就完事了。为什么呢？我们来列一下常用的位值制记数法。"

位值制记数法   质数指数记数法

12×30 $\xrightarrow{\text{分解质因数}}$ $\langle 2, 1, 0, 0, \cdots \rangle \times \langle 1, 1, 1, 0, \cdots \rangle$

$\downarrow$乘法运算 $\downarrow$加法运算

360 $\langle 3, 2, 1, 0, \cdots \rangle$

位值制记数法和质数指数记数法

"能用简单的加法运算实现复杂的乘法运算，是因为质数指数记数法是在完成分解质因数这一麻烦的计算后进行的。质数指数记数法能明确数字的结构。"

米尔嘉看着尤里缠满绷带的脚说道。

"质数指数记数法，是能看到数字骨架结构的 X 光射线。"

3.6.4 最大公约数

"这次是最大公约数。"米尔嘉说，"用质数指数记数法可否表示两个自然数 a, b 的最大公约数呢？尤里，你想想看。"

$$a = \langle a_2, a_3, a_5, a_7, \cdots \rangle$$
$$b = \langle b_2, b_3, b_5, b_7, \cdots \rangle$$

"好的，我想想。"尤里开始思考……然后，她突然抬起头说，"米尔嘉，不写数学公式可以吗？用人家知道的数学公式写不出来……"

"把你想表达的东西说出来看看。"

"我想写'两个数字中较小的那个'……"

"较小的那个？是比另一个数字小还是小于等于另一个数字？"

"嗯……啊！小于等于另一个数字！"

"如果有想写的东西，新定义一个函数就好。比如说，定义一个函数 $\min(x, y)$。"

$$\min(x, y) = （\,x\text{ 和 }y\text{ 中小于等于另一个数字的数}）$$

"定义？"

"就是确定必要的函数。"

"我自己也可以定义吗？"尤里问。

"当然。不定义就没法用了吧？"米尔嘉说，"这样定义也可以。"

$$\min(x, y) = \begin{cases} x & (x < y \text{ 时}) \\ y & (x \geqslant y \text{ 时}) \end{cases}$$

"最大公约数已经可以用 $\min(x, y)$ 表示了。"尤里说。

（a 和 b 的最大公约数）$=$

　　$\langle \min(a_2, b_2), \min(a_3, b_3), \min(a_5, b_5), \min(a_7, b_7), \cdots \rangle$

"这样就行了，尤里。"米尔嘉点头。

"是这样啊，自己定义就好了啊……"尤里说。

这时，米尔嘉忽然压低了嗓音。

"那么，跟 vector 一起，向着无限维空间出发吧。"

米尔嘉总是把向量叫作 vector。

3.6.5 向着无限维空间出发

向着无限维空间出发吧。

将质数指数记数法的 $\langle n_2, n_3, n_5, n_7, \cdots \rangle$ 看成无限维空间的 vector。因为是无限维空间，所以有无数个坐标轴。各坐标轴与质数对应，$n_2, n_3, n_5, n_7, \cdots$ 为各个坐标的成分。

某个自然数对应此无限维空间里的一点。

把某个自然数分解质因数，就意味着找寻这个点在坐标轴上的投影。

那么，两个自然数"互质"，在几何上对应着什么呢？

如果两个数"互质"，那么它们的最大公约数等于 1。用质数指数记数法来表示 1 就是 $\langle 0, 0, 0, 0, \cdots \rangle$。求最大公约数，就是求质数指数记数法中每个成分各自的 $\min(a_p, b_p)$。所以"a 和 b 互质"意味着"关于所有质数 p，都存在 $\min(a_p, b_p) = 0$。"

$$a \text{ 和 } b\text{"互质"} \iff \text{关于所有质数 } p，\text{都存在} \min(a_p, b_p) = 0$$

换句话说，就是关于所有质数 p，a_p 或 b_p 中肯定有一方等于 0。这个也可以说成，两个 vector 不会投影在同一坐标轴上。

总之，这就说明两个 vector"垂直"。基于这个结论，也有数学家把 a 和 b"互质"直接写成 $a \perp b$。因为 $\perp$ 形象地表示了垂直的情况。

$$a \text{ 和 } b\text{"互质"} \iff a \perp b$$

"互质"是数论的表现形式，"垂直"则是几何的表现形式。

几何给了我们丰富多彩的表现形式。

$$\odot \qquad \odot \qquad \odot$$

"几何给了我们丰富多彩的表现形式。"米尔嘉总结道。

尤里彻底心服口服，缄口不语。不，我也一样，已经不知道说什么好。

3.7 米尔嘉大人

我把米尔嘉送去车站，一回到家尤里就抓着我问："哥哥……出'找不同'题的，就是她吧？"

"嗯。你怎么知道的？"

"笔迹啊，笔迹！啊啊，头发能不能再长长点啊……但是人家是茶色头发，这就怎么也长不成乌黑美丽的长发了吧，米尔嘉大人真是了不起啊……"

米尔嘉大人？

"为什么能那么毅然决然地下定论啊。人家恐怕都要迷上她了……回去的时候她还提了一句泰朵拉，泰朵拉一定也是那么了不起的人吧……"

"说起泰朵拉……"我说，"你住院那会儿把她单独叫过去了吧？那时候，你们到底说了什么？"

尤里拨弄着头发，嘟囔了一句。

"我只是告诉她，表妹是四亲等旁系血亲，所以可以跟表哥结婚哦……"

全世界的数学家们啊，不要再等了。
只要导入新的符号，就可以更明确地写出大量的公式。
m 和 n 互质时，写作 $m \perp n$，读作 m 质于 n，如何呢？
葛立恒，高德纳，帕塔许尼克，《具体数学：计算机科学基础》[20]

No.

Date　　．　　．

我的笔记

　　实际画出质数指数记数法的向量。但是因为画不出无限维空间，就用二维代替，即只有两个质数的世界。这个世界中的质数指数记数法，其成分为以下两个。

$$\langle n_2, n_3 \rangle = 2^{n_2} \cdot 3^{n_3}$$

不垂直的例子 (不互质的例子)

$$\begin{cases} a & = \langle 1, 2 \rangle = 2^1 \cdot 3^2 = 18 \\ b & = \langle 3, 1 \rangle = 2^3 \cdot 3^1 = 24 \end{cases}$$

$$\begin{aligned} a \text{ 和 } b \text{ 的最大公约数} & = \langle \min(1, 3), \min(2, 1) \rangle \\ & = \langle 1, 1 \rangle \\ & = 2^1 \cdot 3^1 \\ & = 6 \end{aligned}$$

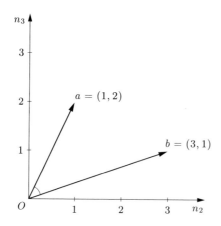

No.

Date . . .

垂直的例子（互质的例子）

$$\begin{cases} a & = \langle 0, 2 \rangle = 2^0 \cdot 3^2 = 9 \\ b & = \langle 3, 0 \rangle = 2^3 \cdot 3^0 = 8 \end{cases}$$

$$\begin{aligned} a \text{ 和 } b \text{ 的最大公约数} & = \langle \min(0,3), \min(2,0) \rangle \\ & = \langle 0, 0 \rangle \\ & = 2^0 \cdot 3^0 \\ & = 1 \end{aligned}$$

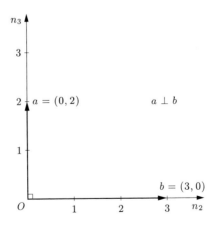

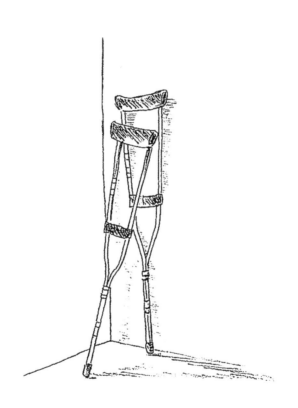

第4章

反证法

可是，无论他怎么看，

天空都不像白天老师说的那么空旷和毫无生气。

何止如此，

他甚至觉得，

越看天空越像一片小树林，

或是一片原野。

——宫泽贤治《银河铁道之夜》

4.1　家中

4.1.1　定义

"哥哥，哥哥，我说哥哥！"

今天是周六，尤里刚刚还在我房间里懒洋洋地看书，突然就蹬着腿叫了起来。尤里的脚看来已经痊愈了。

"啥事？你不是在看书吗？"

"太无聊啦——出点什么题吧！"

"好好，那么我就出个著名的证明题。"

问题 4-1

证明 $\sqrt{2}$ 不是有理数。

"这个人家不会……等等，嗯，这道题我在学校做过！老师讲得很复杂，说什么假设 $\sqrt{2}$ 是有理数，就可以说 $\sqrt{2}$ 是有理数。如果可以说 $\sqrt{2}$ 是有理数，因为 $\sqrt{2}$ 是有理数……不好意思，我证明不了。"

"呃……算了，那我们来一起想吧。"

"嗯！一起想啊，真好！"

"解数学题的时候，关键在于读清楚问题。"

"这是必然的啊，不读怎么解啊。"

"可是，有很多人不读问题就开始解题了。"

"还有这种人？"

"嗯嗯……我说的有点过了，应该是有些人不理解问题的含义就开始解题。"

"问题的含义？读一下问题不就知道了？"

"读问题的'深度'可是因人而异的。"

"这个嘛，说得容易……"

"读问题的时候，重点在于弄清楚**定义**。"

"定义又是什么来着？"

"我们就在弄清楚'定义的定义'。"我微笑着说道，"定义是语句的严格含义。就'证明 $\sqrt{2}$ 不是有理数'这个问题来说，我们需要回答下面这两个问题。"

- $\sqrt{2}$ 是什么？
- 有理数是什么？

"好麻烦喵。必须一个个回答吗?"

尤里摇晃着头,马尾辫也跟着一摇一摆的。

"必须一个个回答。不理解定义就解不了题啊。"

"唔……好吧,$\sqrt{2}$ 我还是懂的。"

"那你说说看吧,$\sqrt{2}$ 是什么?"

"这个简单,平方等于 2 的数对吧?啊,对了,得是正数。负数情况下 $-\sqrt{2}$ 的平方也等于 2。"尤里大幅度地点着头,一副得意的样子。

"我就知道你肯定懂。不过这么答不好。比较一下下面这两种说法看看。"

× "平方等于 2 的数对吧?啊,对了,得是正数。"

○ "$\sqrt{2}$ 指的是平方后等于 2 的正数。"

"老师,人家知道啦。'$\sqrt{2}$ 指的是平方后等于 2 的正数',这样就行了吧。"

"嗯,很好。那接下来是有理数的定义。这个你懂吗?"

"嗯……'有理数是能用分数表示的数',这样吗?"

"可惜啊,答错了。"

"诶?!有理数不就是像 $\frac{1}{2}$ 和 $-\frac{2}{3}$ 这样的分数吗?!"

"按你这么说,$\frac{\sqrt{2}}{1}$ 也算是有理数喽?"我说。

"啊,这个不算。应该说是可以用 $\frac{整数}{整数}$ 的形式表示的数字!"

"大致说对了。但是分母不能为 0。所以应该说,有理数指的是能用 $\frac{整数}{0\text{以外的整数}}$ 的形式表示的数字。"

"整数指的是 $\cdots, -3, -2, -1, 0, 1, 2, 3, \cdots$ 这样的数字吧?"

"对。整理一下就是下面这样。"

- 整数指的是 $\cdots, -3, -2, -1, 0, 1, 2, 3, \cdots$ 这样的数字。

- 有理数指的是能用 $\frac{整数}{0\text{以外的整数}}$ 的形式表示的数字。

"唉，光读问题就很累了喵。"尤里说。

"习惯了就好啦。养成弄清定义的习惯，这点也是非常重要的哦。"

"问题不要爽快地一读而过，而是要粘着它去读。"

"粘着它？"

"就是静下心来仔细读啦！"

"这无所谓了……刚刚我写出了整数和有理数的定义。读数学书要带着问题去读，要一边问自己'定义是什么'一边读。"

"要是有不懂的词语该怎么办？"

"看这本书的**索引**。"

"索引指的是书最前面的那个吗？"

"不不，书最前面的是**目录**。目录位于书籍开头，按照页数次序编排，记载着每章的章节标题。而索引位于书籍的最后，写着某个词语在书的哪一页。找词语解释的时候就要用到索引，教科书和参考书这种需要查词的书上肯定会有索引。"

"索引啊……话说哥哥老师，人家都累了，咱们根本都没在解题，干脆吃个点心吧！"

"孩子们！薄煎饼烤好了哦！"厨房传来我妈的喊声。

"太好啦！简直是心灵感应！"尤里说。

"是食欲的力量。"我说。

4.1.2　命题

餐桌上摆满了刚刚烤好的薄煎饼。

"来证明 $\sqrt{2}$ 不是有理数吧。"我说。

"吃东西的时候不要讨论数学题。"我妈说。

"这是枫糖浆吗？"尤里望着糖浆瓶子。

"是啊，加拿大原产，100% 纯天然。"

"真好吃。"尤里咬了一口薄煎饼。

"尤里真是个好孩子。"我妈笑盈盈地开始洗平底锅,"红茶再过一会就好了。"

"接下来呢?"尤里对我说。

"试着说说接下来要证明的命题。"

"命题是什么?"

"对对,这种态度好,就是要抱有想弄清楚定义的这种态度。**命题**是可以判断真假的数学概念。打个比方,像'$\sqrt{2}$ 不是有理数''存在无数个质数'这样的就是命题。再说得简单点,'$1+1$ 等于 2'这样的也是命题。"

"我懂了。命题对吧。——拿点黄油给我。"

"给。那来猜个谜,'$1+1$ 等于 3'是命题吗?"

"不是啊,因为 $1+1$ 等于 2 嘛。"

"不不,'$1+1$ 等于 3'也是命题。这是假命题,也就是不正确的命题。因为命题是可以判断真假的数学概念,所以有真命题,也有假命题。"

"有没有无法确定是否正确的观点呢?"

"比如说'枫糖浆很好吃'是尤里你的观点,可这个观点并不是命题。枫糖浆好不好吃因人而异,这不是能从数学上判断真假的东西。那么,我们接下来要证明的命题是什么来着?"

"接下来要证明的命题是……'$\sqrt{2}$ 不是有理数',对吧?"

"嗯。没错。要解证明题的时候,应该彻底弄清楚接下来要证明的命题,不能贸然就往前冲。"

"知道了。"

"弄清楚之后,就用写数学公式的方法来讨论吧。"我把薄煎饼迅速塞进嘴里。

"真没规矩!得细嚼慢咽好好品尝啊!"我妈端着红茶走来,大声叫道。

4.1.3　数学公式

我跟尤里在餐桌上铺开纸，继续我们的话题。

"学会用**数学公式**进行表达很重要，这会将问题引入数学公式的世界。数学公式是数学家们给我们备好的方便工具，当然要拿来用。"

"怎么用数学公式写出'$\sqrt{2}$ 不是有理数'呢？人家完全不理解。"

"因为有理数指的是能用 $\frac{整数}{0以外的整数}$ 的形式表示的数字，所以有理数可以全写成'a 分之 b'这样的分数形式。"

$$\frac{b}{a}$$

"懂了。"

"尤里，你这样可不行啊，得问一问 a, b 指的是什么。只要出现字母就要马上弄清楚。在这里 a, b 指的是整数，但是分母 a 不为 0，所以'$\sqrt{2}$ 不是有理数'这个命题可以写成'不存在整数 a, b 使得 $\sqrt{2} = \frac{b}{a}$'。这就是我们想要证明的命题。"

"唔，知道了啦。"

"那么在这里，我们假设'存在整数 a, b 使得 $\sqrt{2} = \frac{b}{a}$'。"

"嗯？这不就跟我们想证明的相反了吗？"

"嗯。不过'相反'不是逻辑用语，在逻辑用语上我们称其为**否定**。现在我们假设了想去证明的命题的否定。"

"否定，是吧。"

"当然，因为像 $\frac{1}{2}$、$\frac{2}{4}$、$\frac{3}{6}$ 以及 $\frac{100}{200}$ 这样，分子分母同时乘以零以外的同一个数，得到的分数就全部相等，所以 a 和 b 的组合可能有无数种。在这里我们把分数 $\frac{b}{a}$ 约分完的分母叫作 a，分子叫作 b。那么根据'存在整数 a, b 使得 $\sqrt{2} = \frac{b}{a}$'这个假设，就有下面这个等式。"

$$\sqrt{2} = \frac{b}{a}$$

"话说，a 和 b 是整数吧？"

"对。而且分数 $\frac{b}{a}$ 是最简分数。此时 a 和 b 存在什么关系？"

"互质吧？"

"喔，答得好快啊。"

"因为人家是'互质'的达人嘛！"

"那是啥……那么，我们把左边的 $\sqrt{2}$ 平方，整理一下式子。"

$$\sqrt{2} = \frac{b}{a} \qquad 假定：想去证明的命题的否定$$

$$2 = \left(\frac{b}{a}\right)^2 \qquad 两边同时平方$$

$$2 = \frac{b^2}{a^2} \qquad 展开右边的式子$$

$$2a^2 = b^2 \qquad 两边同时乘以 a^2$$

"等等！为什么把两边同时平方啊？"

"请听题！"

"是！"

"$\sqrt{2}$ 的定义是什么？"

"$\sqrt{2}$ 指的是平方后等于 2 的正数。"

"没错。'平方后等于 2'就是 $\sqrt{2}$ 重要的性质，所以我试着把两边同时平方，然后得到 $2a^2 = b^2$。a 和 b 是什么关系来着？"

"a 和 b 是互质的整数吧。"

"对。别忘了 $a \neq 0$。——我们需要时刻确认变量表示什么，这点很重要。"

"唔，感觉数学是一门确认的学问啊。"

"因为我把焦点集中在整数上，所以试着'调查奇偶性'。调查奇偶性，也就是研究是奇数还是偶数，这是一个方便的工具。左边的 $2a^2$ 是奇数呢？还是偶数呢？"

"不知道……不，我知道，是偶数。"

"没错。$2a^2$ 指的是 $2 \times a \times a$，因为乘了 2，所以 $2a^2$ 是偶数。然后又因为等式 $2a^2 = b^2$ 的左边是偶数，所以右边也是偶数，也就是说 b^2 是偶数。什么数平方后得偶数呢？"

"偶数？"

"对。也可以确定 b 是偶数。换言之，b 可以写成下面这种形式。"

$$b = 2B$$

"确实……不对！这个 B 是什么？"

"很好很好，你这一句问得好。B 是整数。因为 b 是偶数，所以存在满足 $b = 2B$ 的整数 B。"

"话说，为什么会出现 B 这样的字母？比起'存在整数 B 使得 $b = 2B$'来说，直接写成'b 是偶数'不是更简单吗？"

"因为我想用数学公式思考啊，所以用数学公式表达了偶数这个词。"

"哥哥你还真是喜欢数学公式啊。"

"没错。因为数学公式是一种便利的交通工具。想走得更远，就要尽量使用它，不能慌慌张张地就往前跑。那么，因为 b 可以写成 $b = 2B$ 这种形式，所以 $2a^2 = b^2$ 也就可以变形成下面这种形式。"

$$
\begin{aligned}
2a^2 &= b^2 \\
2a^2 &= (2B)^2 \qquad &\text{代入 } b = 2B \\
2a^2 &= 2B \times 2B \qquad &\text{展开右边的式子} \\
2a^2 &= 4B^2 \qquad &\text{计算右边的式子} \\
a^2 &= 2B^2 \qquad &\text{两边同时除以 } 2
\end{aligned}
$$

"然后可以得到 $a^2 = 2B^2$。a 和 B 是什么来着？"

"是整数吧，你要确认多少次啊！"

"确认无数次。要自问自答到自己都觉得烦。顺便提一句，别忘了 $a \neq 0$。那么，把焦点集中在整数上的时候，我们试了什么方法？"

"什么呢……啊，奇数偶数？"

"对，是'调查奇偶性'。等式 $a^2 = 2B^2$ 的右边是偶数，就是说 $2B^2$ 是偶数，因此我们知道了左边也是偶数，也就是说知道了 a^2 是偶数。平方后是偶数的整数……"

"所以都说了是偶数嘛！真是的……"

"嗯，因为 a^2 是偶数，所以 a 也是偶数。换句话说，a 可以写成下面这样的形式。"

$$a = 2A$$

"A 指的是某个整数。"我补充道。

"哥哥……我感觉跟刚才的过程好像啊。"

"对，很像。你有没有觉得不可思议？"

"什么？"尤里歪着头。

"将等式变形，就得到了关于 a 和 b 的信息。"

"有吗？啊，好比 a 是偶数这样的？"

"没错。a 和 b 都是偶数。"

"所以呢？"

"a 和 b 都是偶数，也就是说它们都是 2 的倍数哦，尤里。"

"诶？a 和 b 不是'互质'的吗？"

"对对。"我露出了微笑。尤里对条件真是敏感啊。

"如果 a 和 b 互质，最大公约数应该是 1，那么 a 和 b 就不可能都是 2 的倍数了。"

"尤里，这是为什么呢？"

"因为如果它们都是 2 的倍数，那么 a 和 b 的最大公约数就大于等于 2 了。"

"没错。这就是重点。我们知道了下面两个命题都是成立的。"

"a 和 b 是互质的" ← 假定条件

"a 和 b 是不互质的" ← 将数学公式变形导出的结果

"诶……"

"我们把这样 'P' 和 '非 P' 同时成立的情况称为**矛盾**。"

"矛盾是指乱七八糟吗?"

"不不,认真听我讲,别突然偏离数学思维的轨道。数学不可能坏掉也不可能乱七八糟。矛盾指的是,对于命题 P,同时存在 'P' 和 '非 P'。这就是矛盾的定义。"

矛盾的定义

将 P 设为命题。

矛盾指的是,对于命题 P,同时存在 'P' 和 '非 P'。

"一开始我们做出了这样的假设:将 a, b 设为互质的两个整数,则存在 $\sqrt{2} = \frac{b}{a}$。"

"嗯。没错没错。"

"我们并不知道这个假设是真是假,但肯定不是真就是假。然后我们从假设出发,进行了逻辑推导,发现了矛盾。会出现矛盾是因为之前哪里搞错了吗?"

"嗯……我认为没有哪里搞错。"

"嗯。毫无疑问,我们的推导过程中每个步骤都是有理有据的。然而,只有一个命题,我擅自决定了它的真假。那就是 '存在整数 a, b 使得 $\sqrt{2} = \frac{b}{a}$' 这个假设。会出现矛盾是因为我擅自决定了这个命题为真。所以 '存在整数 a, b 使得 $\sqrt{2} = \frac{b}{a}$' 这个命题实际上是假的。"

"擅自决定'这个是真的',然后出现了矛盾就说'抱歉抱歉,是假的'?"

"是呢。不过直到矛盾出现之前,我们的推导过程都不能出错呢。"

"那是自然。"

"那么,'存在整数 a, b 使得 $\sqrt{2} = \frac{b}{a}$'这个假设是假的,换句话说就是'不存在整数 a, b 使得 $\sqrt{2} = \frac{b}{a}$'。"

"光这样就证明了 $\sqrt{2}$ 不是有理数了吗?"

"对。因为根据定义,能用 $\frac{整数}{0\,以外的整数}$ 的形式表现出来的就是有理数,不能用 $\frac{整数}{0\,以外的整数}$ 的形式表现出来的就不是有理数。这种以定义为基石来一步步证明的感觉,你能明白吗?"

"差不多吧。证明这东西好麻烦啊。"

"刚才我们使用的证明方法叫作**反证法**。"

"反证法?"

"反证法指的是'假设要证明的命题不成立,从而推导出矛盾的方法'。这是极为常用的证明方法哦。"

"啊! 这是反证法的定义对吧!"

反证法的定义

反证法指的是"假设要证明的命题不成立,从而推导出矛盾的证明方法"。

解答4-1 （ $\sqrt{2}$ 不是有理数 ）

使用反证法。

1. 假设 $\sqrt{2}$ 是有理数。

2. 此时，存在整数 a,b 满足以下条件（ $a \neq 0$ ）。
   - a 和 b 互质。
   - $\sqrt{2} = \frac{b}{a}$

3. 将两边同时平方，去分母得 $2a^2 = b^2$ 。

4. 因为 $2a^2$ 是偶数，所以 b^2 也是偶数。

5. 因为 b^2 是偶数，所以 b 也是偶数。

6. 因此存在整数 B ，使得 $b = 2B$ 。

7. 把 $b = 2B$ 代入 $2a^2 = b^2$ ，得到 $a^2 = 2B^2$ 。

8. 因为 $2B^2$ 是偶数，所以 a^2 也是偶数。

9. 因为 a^2 是偶数，所以 a 也是偶数。

10. 因为 a 和 b 都是偶数，所以 a 和 b 不互质。

11. 这跟"a 和 b 互质"相矛盾。

12. 因此， $\sqrt{2}$ 不是有理数。

"那么，我们把今天讲过的内容整理一下。"

- 先读问题
- 反复确认定义
- 习惯"○○ 指的是 ○○"的说法
- 用数学公式表达
- 如果出现整数，则"调查奇偶性"
- 如果出现变量，则要问"这个变量是什么？"

"除了这些，我们还学了反证法。觉得怎么样？"

"好累啊。不过我明白'证明的感觉'了，还有定义和数学公式的重要性……可是人家记不下这么长的证明过程喵……”

“这你就错了。把刚才的证明过程全背下来也没有意义。自己打开笔记本，拿起铅笔，再用自己的力量证明一次。”

“嗯……用自己的力量？”

“对。自己的力量。大多数情况下都不会特别顺利，可能会在某一步卡住，所以证明不出来也不要灰心丧气哦。自己感觉自己懂了，但怎么都证明不出来。遇到瓶颈的话就看看书，或者是读读自己以前写的笔记，不断重复练习，直到自己能独立完成整个证明过程为止。通过不断地重复，自己学习数学的能力也会增强。这跟把过程全背下来截然不同，这里养成的是对于数学性构造的理解能力和逻辑思维，以及熟练运用数字的性质来处理问题的能力。”

“遵命！热血教官！”

4.1.4 证明

我们回到了房间。

“哥哥，我拿点糖哦。”尤里从架子上取下了瓶子，“柠檬，柠檬……诶？柠檬的已经吃完了?!唉，那就拿哈密瓜的好了。哥哥，别吃人家的柠檬糖嘛。”

“那又不是你的糖……”

“我说哥哥，证明有这么重要吗？”尤里舔着哈密瓜糖问我。

“是啊。数学家们最重要的工作之一，就是把研究出来的结果以‘证明’的形式保留下来。历史上有无数的数学家做过无数的工作。现代的数学家们则通过‘证明’在历史上烙下自己的脚印。”

“这样啊。证明原来是数学家的工作啊……”

“对啊。数学家们一直在赌上性命去证明。”

“我在学校学过，但是没有像哥哥讲得这么深刻啊。我以前一直只认为证明题要比计算题麻烦得多。证明是这么重要啊，数学家们重要的工作……但是'赌上性命去证明'，是不是有点太夸张了？"

"嗯，即使证明不出来也不会死，说'赌上性命去证明'确实有点过头了。不过啊……在某件事上'花费时间'，不就相当于'赌上性命'吗？因为活着的时候能做的事情是有限的，在这个世界上能用的时间是有限的，数学家们把'有限'生命中的一部分用在了证明上。"

"有限？"

"人类的生命是有限的，却能在数学中处理无限。这也是相当了不起的。能写出'对于任意整数 n ……'这种表达也很不可思议。只是写了一个字母 n 就能表示出无限的整数，用一个字母就能捕捉到无限。变量也是由从前的数学家们想出来的工具啊。"

"用一个字母就能捕捉到无限……啊，这就是'将无限宇宙尽收掌心'的意思啊！数学家真是喜欢无限啊。"

"或许吧。话说，尤里你知道'对于任意的 n，都具有 ○○ 的性质'这个命题的否定是什么吗？"

"'不具有 ○○ 的性质'吧？"

"'对于任意的 n，都不具有 ○○ 的性质'吗？"

"嗯。"

"不，不对哦。'对于任意的 n，都具有 ○○ 的性质'的否定是'对于某个 n，不具有 ○○ 的性质'或者是'存在某个 n，不具有 ○○ 的性质'。举个例子，就这个糖果瓶来说，

'所有糖果都是柠檬味儿的'

这个命题的否定是

'某个糖果不是柠檬味儿的'

或者

'存在不是柠檬味儿的糖果'。

只需要存在一个不是柠檬味儿的糖果就可以否定所有了。比如说哈密瓜味儿的。"

"攻破一个就可以击破'所有'吗？"

"就是这样。反证法从原命题的否定开始证明。如果想证明对于任意的糖果都存在某个性质，就要假设存在某个不符合这个性质的特殊糖果，从而推导出矛盾。这样的话，就能把精力集中在这个特殊糖果上深入思考。这就是人们经常运用反证法的原因之一。"

"原来如此。"

"命题的证明是永远存在的。永远指的是时间的无限性。已被证明过的命题，在证明它的数学家死后仍然是被证明过的。证明是严密的、不可推翻的。数学领域的证明是穿越时空的时间机器，是经过岁月的洗涤也不会腐朽的建筑物。证明为人类在有限的生命中去触碰永远提供了机缘。"

"哥哥，你真帅啊！"尤里带有几分嘲弄般地语气笑着说。

"只有你会说我帅……不过，受到表娘还是很高兴的喵。"我说。

"哥哥！别学人家说话嘛！"

4.2 高中

4.2.1 奇偶

"就这样，我给她讲了怎么证明 $\sqrt{2}$ 不是有理数。"我说。

放学后，我们在音乐教室随便找了个座位闲聊。盈盈一心一意地弹着钢琴。刚才那首曲子是二声部创意曲。我把之前跟尤里讲的话告诉泰朵拉跟米尔嘉，不过米尔嘉一直面对着盈盈的方向。

盈盈这个女孩子今年上高二，跟我、米尔嘉同年级不同班，担任钢琴爱好者协会"最强音"的会长，除了上课，基本都坐在音乐教室的钢琴前面。

"学长真是会教人啊。"泰朵拉说,"'互质'……用英语该怎么说呢?"

"我记得是 relatively prime。"我说。

"relatively prime,就是相对地质,对吧。"泰朵拉点点头说,"可能指的是两个数互相起到质数的作用吧。"泰朵拉英语很好,用英语理解似乎能理解得更透彻。

"你知道其他的证明方法吗?"一直看着盈盈的米尔嘉转过身来,冷不丁地问了一句。还以为她在专心听弹琴,没想到她一直在认真地听我们说话啊。

"其他的证明方法?"我很疑惑。

"用反证法。"米尔嘉说,"假设 $\sqrt{2}$ 是有理数,则存在整数 a,b 使得

$$\sqrt{2} = \frac{b}{a}$$

把两边同时平方,去分母得到

$$2a^2 = b^2$$

到这一步,跟你的证明是相同的……在这里,我要问了——如果将 $2a^2$ 分解质因数,有几个质因数 2?"

"怎么能知道有几个 2 啊。"我说。

"确实,我们没法知道个数。但是,个数是,整数。"米尔嘉一字一顿,听得人心急。

"整数……哦。"

"说到整数就?"

"就要调查奇偶性……对吗?"

泰朵拉回答。

诶?

不研究 $2a^2$ 的奇偶性,却去研究质因数 2 的个数的奇偶性?

"那么，就像泰朵拉说的，我们来研究一下奇偶性看看。"米尔嘉说，"$2a^2$ 含有奇数个质因数 2？还是偶数个质因数 2？"

"啊！奇数个！"我提高了嗓门。

没错，我明白了！因为 a^2 是平方数，所以包含偶数个质因数。当然，也包含偶数个质因数 2。而 $2a^2$ 是 a^2 再乘以一个 2，所以有奇数个质因数 2……

"对。$2a^2 = b^2$ 的左边有奇数个质因数 2，那么右边呢？"

"因为 b^2 是平方数，所以有偶数个质因数 2……"我说。

"所以呢？"米尔嘉丝毫不给我喘息的机会，追问道。

"两边质因数 2 的个数不一样。矛盾。"我说。

"存在奇数个质因数 2"← 从左边可知

"不存在奇数个质因数 2"← 从右边可知

"推导出了矛盾。"米尔嘉说，"根据反证法，$\sqrt{2}$ 不是有理数。Quod Erat Demonstrandum。证明完毕。"

米尔嘉竖起食指。

"好了，这样我们的工作就告一段落了。"

这样啊……着眼于"质因数 2 的个数的奇偶性"，从而推导出矛盾，而且还省去了 a 和 b 互质这个前提。有意思。

解答 4-1a （$\sqrt{2}$ 不是有理数的另一种证明方法）

使用反证法。

1. 假设 $\sqrt{2}$ 是有理数。
2. 存在整数 a, b 使得 $\sqrt{2} = \frac{b}{a}$ （$a \neq 0$）。
3. 将两边同时平方，去分母得到 $2a^2 = b^2$。
4. 左边含有奇数个质因数 2。
5. 右边含有偶数个质因数 2。
6. 这就推导出了矛盾。
7. 因此，$\sqrt{2}$ 不是有理数。

泰朵拉一副不理解的模样。

"怎么了，泰朵拉？"米尔嘉问道。

"在刚才的证明过程中，出现了

$$2a^2 = b^2$$

这个等式。"泰朵拉说，"米尔嘉你刚才的意思是这个等式左边和右边的值相等对吧，但是我感觉刚刚你用的不是'值相等'这一点，所以我才会有些焦躁。"

"喔？泰朵拉指出来的这点很有趣嘛。你什么意见？"米尔嘉把话锋转向我。

"诶？比较两边质因数 2 的个数，确实不等于比较两边的值……吗？不过你的证明应该是对的，因为式子是个等式，所以只要判断左边和右边整数的结构相同就可以了。整数的结构是用质因数表示的，所以……"

米尔嘉把食指伸到我面前，晃了两三下。

"废话太多了。只要说'根据质因数分解的唯一分解定理，等式两边每个质因数的个数都是一样的'就行了。"

"这样啊……"泰朵拉说,"还有质因数分解的唯一分解定理这回事啊……嗯,真后悔没一下子想到。我思维练习还不够啊。不过,尽管这样……"

"米尔嘉,你那个证明方法很有趣啊。"

"嗯……"

米尔嘉说着把脸别过去,突然站起来,开始跟还在不停地弹着钢琴的盈盈说起话来。

这么说来,米尔嘉在要跟我分个高下的时候绝对不会移开视线,但是有时候也会唰地看向别处,比如说被我表扬的时候……难不成米尔嘉是在害羞?

4.2.2 矛盾

米尔嘉和盈盈开始四手联弹。这应该也是巴赫的曲子吧。

"反证法还真是常用啊。"泰朵拉坐到我旁边,"我……对反证法很不拿手。虽然能假设原命题的否定,但是总记不住。因为心里总留意着这个命题是错的……"

"嗯,确实。反证法很不容易,因为要从错误的命题出发,进行正确的论证,再不断推导出错误的命题。不仅如此,最后想准确地推导出矛盾也是很难的。"

"没错!"泰朵拉用力点着头。从她身上飘来一阵甜甜的香气。

"就是这样,推导矛盾好难啊,总觉得'推导矛盾'就好像在做错事一样。呜呜呜……"泰朵拉继续说道。

"推导矛盾指的是表明

$$'P'且'非P'$$

P是什么样的命题都无所谓。用逻辑公式写下来就是这样。

$$P \overset{且}{\wedge} \neg P$$

对了，教科书中把 P 的否定写作 $\overline{P}$，而讲逻辑的书里则写作 $\neg P$（ not P ）。虽说要推导出矛盾，也不是非得在自己的证明过程中推导出 P 和 $\neg P$ 两种结论。打个比方，P 可以是证明完毕的命题，也就是定理。这时只要在自己的证明过程中推导出 $\neg P$，然后说‘跟定理 P 相矛盾’就可以了。”

泰朵拉双眼瞪得大大的，听得入神。

“刚才在米尔嘉的证明过程中，推导出了两个命题，即‘含有奇数个质因数 2’和‘不含有奇数个质因数 2’。这就是导出 P 和 $\neg P$ 两种结论的例子。”

P	含有奇数个质因数 2
$\neg P$	不含有奇数个质因数 2

“我好像被‘矛盾’这个词给搞昏头了。刚才学长很容易地就说出了‘推导出 P 和 $\neg P$ 两种结论’，可是一提到矛盾，我感觉就要引发大混乱了。一定是成语故事里面那个矛盾给我的印象太深刻了。”泰朵拉摆出拿矛刺盾的样子。

“嗯，我明白。”

泰朵拉轻轻咬着指甲，沉默了一会儿。又开始慢悠悠地说道：“用反证法表明矛盾的时候用 $P \overset{且}{\wedge} \neg P$，命题 P 是什么都可以吗？就是说……用反证法证明数论问题的时候，也可以利用几何和解析定理推导出矛盾吧？”

“嗯，可以啊。跟数学领域什么的没有关系。”

“不管对于任何定理 P，把 $\neg P$ 甩上去就可以……这样的话，重要的是知道定理是什么啊……”

“这么说确实如此。不过 P 不一定是著名的定理，也可以是一个小的命题，只要被证明了就行。”

“好吧，那我以后推导矛盾的时候，尽量想着 $P \wedge \neg P$。啊，对了……

学长?"泰朵拉声音一下子变小了。

"嗯?"

"那，那个……"

钢琴声停了。

泰朵拉小声说了句"完蛋"。

"纯真公主和青涩王子！回家喽！"盈盈说。

"大家快跟米尔嘉女王大人一起回家吧！"

在数学领域，除了证明定理 P 以外，

其他更常用的方法是假设 P 为 false，从而推导出矛盾

（即推导出 false 或相当于 false 的结论）。

常抄个近道：不直接表明 false，

而是去证明像 $Q \wedge \neg Q$ 这样明显相当于 false 的结论。

——David Gries, Fred B. Schneider, *A Logical Approach to Discrete Math*[21]

第5章

可以粉碎的质数

千万不可损伤那个隆起的地方。

用铁锹铲，铁锹！

再离远些挖。

不行不行，不能乱来！

——宫泽贤治《银河铁道之夜》

5.1 教室

5.1.1 速度题

"我来了。"泰朵拉说。

午餐时间，我刚从小卖部买了面包回到教室。

"诶?"为什么泰朵拉会出现在高二年级的教室里?

"我借一下这张桌子。"

泰朵拉说着"向后——转!"把空桌子刷地掉了个头，正好跟米尔嘉的桌子面对面。

"我叫她来的。"米尔嘉说。

两个女生在吃午饭，泰朵拉吃盒饭，米尔嘉还是万年不变地只吃巧克力。而我则啃着面包看着她们俩。虽然类型不同，但她们俩都是美女啊……泰朵拉坦率而富有活力，米尔嘉则精明干练。

"你午饭总是吃奇巧威化巧克力吗？"泰朵拉问。

"有时候也吃松露的。"米尔嘉答道。

"那个，我不是这个意思，我的意思是不吃点米饭或者面包什么的？"

"这个嘛，话说没有什么有意思的题吗？"

"有一道适合泰朵拉回答的速度问题。"我说。

"什么什么？什么问题？"泰朵拉张大了眼睛。

"平方等于 -1 的数字是什么呢？"

问题 5-1

　　平方等于 -1 的数字是什么？

"平方等于 -1 的数字……有了有了，我知道了，是 $\sqrt{-1}$ 对吧！另外一种叫法是虚数单位 i ！"泰朵拉自信满满地断言道。

"嗯嗯，我就知道你会这么回答。"我说。

米尔嘉闭上眼睛缓缓摇了摇头。

"诶？不对……吗？"

"米尔嘉——"我把问题扔给了米尔嘉。

"$\pm i$ 。"米尔嘉立即回答。

"正负 i ……啊，对。平方得 -1 的不是只有 $+i$ ，$-i$ 也是……"

$$\begin{cases} (+i)^2 & = -1 \\ (-i)^2 & = -1 \end{cases}$$

解答 5-1

　　平方等于 -1 的数字是 $\pm i$ 。

泰朵拉一脸不满。

"学长，我感觉你在故意耍我……"

"才没有，我问得很认真啊。"我反驳道。

"就是。"米尔嘉说，"平方等于 -1 的数，就是二次方程 $x^2 = -1$ 的解。因为是二次方程，所以该考虑到有两个解。n 次方程的解有 n 个，这是代数学基本定理（但要注意重根）。这哪能说是耍你呢。"米尔嘉咬了一口巧克力。

"$+\mathrm{i}$ 和 $-\mathrm{i}$ 两个解……这样啊。"泰朵拉开始对她的汉堡肉饼下手。

我们沉默着吃了一会午饭。米尔嘉吃完巧克力，饶有兴趣地看着泰朵拉奇特的筷子盒。不久泰朵拉又开口了。

"i 真是不可思议。总感觉不能接受它的平方等于 -1，该说是有些别扭吗……"

"对你而言平方等于 -1 很别扭？"米尔嘉说。

"-1 吗？不，也不是别扭……"

"喔……那么我们来想想方程式和数字的关系。首先从 $x + 1 = 0$ 开始。"米尔嘉向我伸出了手。

看来是下令让我把笔记本和自动铅笔交出来。

5.1.2　用一次方程定义数字

首先从 $x + 1 = 0$ 开始。试试解这个简单的一次方程。

$$x + 1 = 0 \qquad \text{关于 } x \text{ 的一元一次方程式}$$
$$x = -1 \qquad \text{将1移项到等式右边}$$

这下我们就知道了这个方程的解是 $x = -1$。很简单。

那么，我们在 $x \geqslant 0$ 的范围内考虑这个方程式看看。

$$x + 1 = 0 \qquad 令 \ x \geqslant 0$$

现在，假设有个人只知道大于等于 0 的数，这个人觉得 $x + 1 = 0$ 这个方程很别扭。他会想："因为 0 是最小的数字，所以不可能有加上 1 得 0 的数字，这样的数字不存在。"兴许，他可能要感慨"加上 1 得 0 的数字好神秘"。

哎呀，泰朵拉笑了。不过我没在开玩笑。大约从 18 世纪开始，人类才能自然地接受 -1 这样的负数。事实上，帕斯卡在 17 世纪还认为 0 减去 4 等于 0。以几千年的数学发展史来看，负数得到运用也是在不久之前的事。18 世纪最伟大的数学家，我们的老师莱昂哈德·欧拉，他第一次明确阐述了数轴向正和负两个方向延伸的概念。

言归正传，对这种只知道大于等于 0 的数字的人，我们试试这么说。

"定义一个数字 m，使得 m 满足方程 $x + 1 = 0$。"

这种人一定会说"才不存在 m 这样的数字"吧，那我们就这么告诉他。

"m 就是能将等式 $m + 1$ 替换为 0 的一个形式上的数字。"

这个形式上的数字 m 指的是……用普通的话说就是 -1。我们把 m 这个数作为 $x + 1 = 0$ 这个方程式的解"定义"了。也可以说，用方程式的形式表示了 m 应该满足的"公理"。当然，对我们来说这种做法确实比较繁琐。

到这里一次方程讲完了。

我们用一次方程的解定义了 m 这个数（实际上 m 就等于 -1）。

现在开始，我们要用二次方程了。

我们用二次方程的解定义 i 这个数字。

5.1.3　用二次方程定义数字

思考以下二次方程。

$$x^2 + 1 = 0$$

在实数范围内，没有能满足这个二次方程式的数。因为如果 x 是实数，x^2 一定大于等于 0。在大于等于 0 的数字上加上 1，不可能再等于 0。所以"只知道实数的人"会觉得这个方程式别扭。

要感慨"平方后得 -1 的数字好神秘"吗？不不，我们还是来用方程 $x^2 + 1 = 0$ 定义一个新的数字吧。

"定义一个数字 i，使得 i 满足方程 $x^2 + 1 = 0$。"

这和刚才的"定义一个数字 m，使得 m 满足 $x + 1 = 0$"很像。当然，满足方程 $x^2 + 1 = 0$ 的数字有两个。准确地说，我们定义 i 为满足方程 $x^2 + 1 = 0$ 的两个数字中的一个。

只知道实数的人肯定会说"才不存在 i 这样的数字"吧。然而，我们会这么回答他。

"i 就是能将 $i^2 + 1$ 替换为 0 的一个形式上的数字。"

跟刚才的 m 是一样的。我们把 i 这个数作为 $x^2 + 1 = 0$ 这个方程式的解"定义"了，即我们用方程式的形式表示了 i 应该满足的"公理"。

尽管如此，一般人是不会习惯用方程式的解来定义数字这种独特的想法的。因为没法实际用肉眼看到。人类要想把握数字概念，图形是非常重要的。在负数情况下，关键就是"将数轴向负的方向延伸"；而虚数情况下，关键就是"两条数轴"。

第一条是实数的数轴，也就是**实轴**。

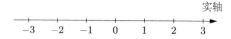

第二条是虚数的数轴，也就是**虚轴**。

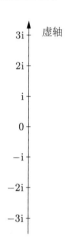

依据由实轴和虚轴这两条数轴形成的平面——**复平面**，我们就能理解**复数**了。

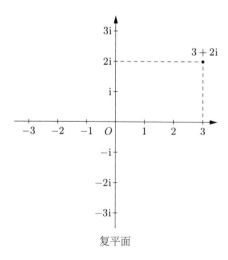

复平面

要普及复数，就必须从一维空间飞跃到二维空间了。

◎　　◎　　◎

眼看米尔嘉的解说告一段落了，泰朵拉举起了手，手上还拿着筷子……

"米尔嘉，我想问个问题……"

这时下午课的预备铃响了。

"诶?!"泰朵拉遗憾地收拾起盒饭，摆出了她惯用的 $1,1,2,3$——斐波那契手势就回自己的教室了，"剩下的放学后去图书室说哦!"

5.2　复数的和与积

5.2.1　复数的和

放学后，我急忙赶到图书室，米尔嘉和泰朵拉已经开始讨论了。

"复数是由平面上的点表示的——这里我不太懂。不，我知道要让复数 $3+2i$ 对应平面上的点 $(3,2)$，但是我认为数字是数字，点是点，是两回事。'数字'和'点'是怎么建立关系的呢?"

"数字的本质在于计算。用点计算试试，想想复数的和与积。"米尔嘉说。

◎　　◎　　◎

想想复数的和与积。

两者都可以用复平面上的几何图形来表示。

我们用平行四边形的对角线来表示**复数的和**。因为复数的和就等于横坐标 x 与纵坐标 y 的和，也就是两个 vector 的和，很简单。

"复数的和" $\iff$ "平行四边形的对角线"

在图上举例说明就形象了。两个复数 $1 + 2i$ 和 $3 + i$ 的和等于 $4 + 3i$。
能看到平行四边形吧?

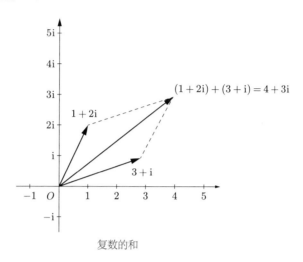

复数的和

5.2.2　复数的积

这次是**复数的积**。

现在我们来求以下的复数 α 和 β 的积。

$$\begin{cases} \alpha & = 2 + 2i \\ \beta & = 1 + 3i \end{cases}$$

首先按一般思路算。

$$\begin{aligned} \alpha\beta &= (2 + 2i)(1 + 3i) && \text{根据 } \alpha = 2 + 2i, \beta = 1 + 3i \\ &= 2 + 6i + 2i + 6i^2 && \text{展开右边的式子} \\ &= 2 + 6i + 2i - 6 && \text{利用 } i^2 = -1 \text{ 这个条件} \\ &= -4 + 8i && \text{分实部和虚部计算} \end{aligned}$$

然后在复平面上将 $\alpha, \beta, \alpha\beta$ 三个数字作为 vector 画出来。

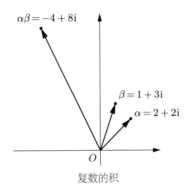

复数的积

光看这张图是看不出三个数字的几何关系的。

然而我们加上点 $(1,0)$，稍微引一条辅助线，**两个相似的三角形**就会如星座浮现在夜空般，呈现在眼前。以这张图来看，保持右下方的小三角形的比例不变，将其扩大并旋转，就能变成左方的大三角形。用计算坐标的方法就可以确认三边比例是否相等。

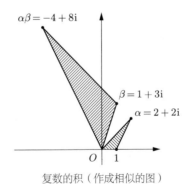

复数的积（作成相似的图）

"复数的积"可以用"相似的三角形"来表示。但这又意味着什么呢？为了深入研究，我们用**极坐标的形式**来表示复数。不用 xy 坐标来表示复数，而是用到原点的距离（绝对值）和与 x 轴的角度（辐角）的组合来表示。

复数的**绝对值**指的就是到原点 O 的距离。

复数的**辐角**指的就是和 x 轴正半轴形成的夹角。

例如复数 $2 + 2i$，如下图所示。

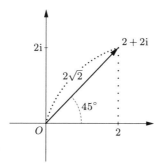

复数 $2 + 2i$ 的绝对值$2\sqrt{2}$和辐角 $45°$

由勾股定理可知，到原点 O 的距离是$2\sqrt{2}$。因为复数 $2 + 2i$ 的绝对值是$2\sqrt{2}$，所以这下能明白辐角是 $45°$ 吧？看见一个等腰直角三角形了吧？

$2 + 2i$ 的绝对值写作 $|2 + 2i|$，$2 + 2i$ 的辐角则写成 $\arg (2 + 2i)$。

$$\begin{cases} x \text{ 坐标 } 2 \\ y \text{ 坐标 } 2 \end{cases} \longleftrightarrow \text{ 复数 } 2 + 2i \longleftrightarrow \begin{cases} \text{绝对值 } |2 + 2i| = 2\sqrt{2} \\ \text{辐角 } \arg(2 + 2i) = 45° \end{cases}$$

此时 $\alpha\beta$ 的绝对值怎样呢？

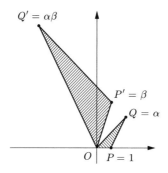

因为 $\triangle OPQ$ 相似于 $\triangle OP'Q'$，所以这两个三角形的各边边长的比例相等。

$$\frac{\overline{OQ'}}{\overline{OP'}} = \frac{\overline{OQ}}{\overline{OP}}$$

去分母，得到

$$\overline{OQ'} \times \overline{OP} = \overline{OQ} \times \overline{OP'}$$

又因为在这里 $Q' = \alpha\beta, P = 1, Q = \alpha, P' = \beta$，所以可得 $\overline{OQ'} = |\alpha\beta|$，$\overline{OP} = 1, \overline{OQ} = |\alpha|, \overline{OP'} = |\beta|$，即

$$|\alpha\beta| = |\alpha| \times |\beta|$$

也就是说，"复数的积"的绝对值就等于"复数的绝对值"的积。

接下来，我们来研究 $\alpha\beta$ 的辐角。

$$\angle POQ' = \angle P'OQ' + \angle POP'$$

又因为 $\triangle OPQ$ 相似于 $\triangle OP'Q'$，所以有

$$\angle POQ = \angle P'OQ'$$

因此，我们可以得到下式。

$$\angle POQ' = \angle P'OQ' + \angle POP'$$
$$= \angle POQ + \angle POP'$$

在此又因为 $\angle POQ' = \arg(\alpha\beta), \angle POQ = \arg(\alpha), \angle POP' = \arg(\beta)$，就可以得到结论。

$$\arg(\alpha\beta) = \arg(\alpha) + \arg(\beta)$$

归根结底，"复数的积"的辐角就等于"复数的辐角"的和。

综上所述，采用极坐标的形式就可以得到下面这种关系。

"复数的积"　⟷　"绝对值的积"和"辐角的和"

$$\begin{cases} |\alpha\beta| & = |\alpha| \times |\beta| \\ \arg(\alpha\beta) & = \arg(\alpha) + \arg(\beta) \end{cases}$$

$\alpha\beta$ 的绝对值等于 α 的绝对值乘以 β 的绝对值，这很正常。但是 $\alpha\beta$ 辐角居然等于 α 辐角加 β 辐角？这就很有意思了。可以说辐角具有指数运算的性质。

那么，能从几何层面理解复数的积，同理也能从几何层面理解复数平方后的式子。我们用复平面的知识，再研究一下午饭时那道速度题——"平方等于 -1 的数字"。

5.2.3　复平面上的 ±i

我们用复平面的知识，再研究一下"平方等于 -1 的数字"。如果用代数的眼光来看方程 $x^2 = -1$，问题就是

平方等于 -1 的数字是什么？

而如果用几何的眼光来看，问题就是

如何扩大及旋转才能令其变换两次后得 -1？

话说回来，-1 到底是什么呢？复平面上，-1 是"绝对值为 1，辐角为 $180°$"的一个点。因为可以靠"绝对值的积与辐角的和"来计算复数的积，所以平方后等于 -1 的复数 x 的性质就是"绝对值平方后为 1，辐角扩大 2 倍为 $180°$"。

平方等于 1 的正数是 $\sqrt{1} = 1$。扩大 2 倍为 $180°$ 的辐角就是 $90°$。也就是说，绝对值为 1，辐角是 $90°$ 的复数平方后为 -1。这确实与复数 i 一致。

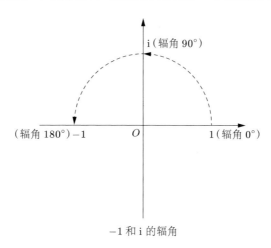

−1 和 i 的辐角

然而，$x^2 = -1$ 应该有 $\pm i$ 两个解。另一个解 $x = -i$ 去哪儿了呢？实际上，扩大 2 倍为 $180°$ 的辐角有两个，分别是 $+90°$ 和 $-90°$。这两个角刚好与 $+i$ 和 $-i$ 对应。$-90°$ 角扩大 2 倍是 $-180°$，但 $180°$ 与 $-180°$ 实际上是同一个角度。

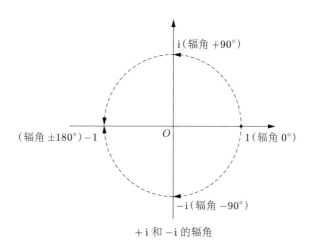

$+i$ 和 $-i$ 的辐角

像这样，如果可以把 ±i 看作是"绝对值为 1，辐角是 ±90° 的复数"，"±i 平方后等于 −1"的性质就没什么别扭的了。也就是说，"向右连续转两次"和"向左连续转两次"就等于"向后转"。

用几何方法更容易形象生动地体现数字的性质。将复数这个"数字"表现为复平面上的"点"，确实是个很棒的点子。

◎　　　◎　　　◎

"很棒的点子。"米尔嘉说。

米尔嘉流畅的解说令我和泰朵拉深深地折服了，一时间我们都沉默着不知道说什么。

"对了，米尔嘉。"我说，"因为复数包含实数，所以同一规律也适用于计算实数的积吧？"

米尔嘉沉默地点点头。我继续往下说。

"比如有这么一个问题——'负数乘以负数为什么得正数'。

$$负 \times 负 = 正$$

这里会自然而然地想到复平面上的旋转。比如，我们来考虑下面这个式子。

$$(-1) \times (-1) = 1$$

乘两次 −1 也就相当于将 −1 的辐角 180° 扩大两倍，就变成了旋转 360°，等于根本没旋转。根本没旋转指的是辐角为 0°，对应 1 这个数字对吧。"

"泰朵拉，刚才他说的你明白吗？"米尔嘉问。

"啊，这个……我明白了。"泰朵拉回答。

"那就好，就像他说的那样，'负负得正'是很自然的，要问有多自然，就像'连续向后转两次就回到原来的朝向'一样自然。"

啊，之前从米尔嘉那听到"ω 的华尔兹"的时候，差不多也是这个感觉。只看实数来说明负数的积，是无法直观地理解的。然而用复平面旋转来形象地说明，就不觉得负数的积别扭了。把较为宽广的复数世界描绘于心，也就能彻底理解深埋于其中的实数世界了。从高维空间往下看，找寻数字结构也就容易了许多……

泰朵拉突然开了口。

"米尔嘉……我感觉……有点明白了。用复平面来将数字和点对应。数字的计算对应点的移动。这样同时加深了对数字和点的理解……对吧？"

"说的没错，泰朵拉。将数字和点对应，代数和几何对应。"米尔嘉说。

$$
\begin{array}{rcl}
\text{代数} & \longleftrightarrow & \text{几何} \\
\text{所有复数的集合} & \longleftrightarrow & \text{复平面} \\
\text{复数 } a+b\mathrm{i} & \longleftrightarrow & \text{复平面上的点 } (a, b) \\
\text{复数的集合} & \longleftrightarrow & \text{复平面上的图形} \\
\text{复数的和} & \longleftrightarrow & \text{平行四边形的对角线} \\
\text{复数的积} & \longleftrightarrow & \text{绝对值的积，辐角的和（扩大及旋转）}
\end{array}
$$

"复平面是代数和几何邂逅的舞台。"

米尔嘉说着，将食指轻轻贴在自己的双唇上。

"在复平面这个舞台上，代数和几何接吻了。"

米尔嘉的一句话，惹得泰朵拉面红耳赤地低下了头。

5.3　五个格点

5.3.1　卡片

第二天放学后，我独自走出校门。

今天我一直在图书室算题。米尔嘉先回去了，泰朵拉却没有出现。自己虽然计算得很顺利，但总觉得有些无聊。

我顺着住宅区曲曲折折的小路前行，却被背后一声"学——长——"叫住了。泰朵拉向我跑了过来。

"学长，哈啊，哈啊……追，追上你了。"

"我以为你已经回家了呢。"

"哈啊……我，我只是晚去了图书室，一，一会儿。"泰朵拉上气不接下气地说着，深深地吸了一口气，"那什么，今天早上我去老师办公室了哦。"

"嗯？"

"我跟村木老师聊了聊复平面，他就拿给了我新的问题。"

泰朵拉取出卡片。

问题 5-2　（五个格点）

假设 a, b 为整数，把在复平面上与复数 $a + bi$ 对应的点称为**格点**。现在给出五个格点，这五个格点的位置是随意的，请证明我们可以从中选出某两个合适的点 P 和 Q，使得线段 PQ 的中点 M 也是格点。中点 M 可与给出的五个格点位置不同。

"学长，这个你能解吗？"

这语调似乎有什么深意。

"嗯？只给出了'格点'这一个条件，感觉有点难吧。"

我边走边看卡片，思考着。泰朵拉一边偷瞄着我的神情，一边在我身旁不停地打转。小动物泰朵拉。

线段 PQ 的中点 M 指的是将线段 PQ 二等分的点。中点是图形……不，是几何表示。使用坐标思考的时候，就需要用数学公式体现中点这个具有几何性质的说法。把两点的坐标记作 (x, y) 和 (x', y')，中点的坐标就可以写成

$$\left(\frac{x + x'}{2}, \ \frac{y + y'}{2}\right)$$

嗯……

"嗯，花一天去想肯定能解开。不过要是用一整天都没解开，那么即使花上一星期肯定也解不开了。"我说。

"嘿嘿嘿……学长的意思是说，这题很难喽？"

"喂泰朵拉，你干吗一副深不可测的样子？"

"因为解开了！"

"解开什么？"

"这个问题啊！难道还有别的吗？"

"谁解开的？"

"就是本姑娘，泰朵拉！"泰朵拉举起右手示意。

"解开什么？"

"这个问题啊！——学长，不要开玩笑嘛。我从村木老师那接到问题以后就一直在想。因为总感觉能解开，所以上课也在一直研究。"

"嗯嗯。"

"然后，我只花了几个小时就解开了！"

"上课时间……"

"学长，你想听不？想听吗？我的答案！"

泰朵拉把手交握在胸前，从下方望着我。

"好好，请讲。"既然她都使出了最终武器，我也就没办法了。

"那么，我们去'豆子'吧！"

5.3.2 "豆子"咖啡店

我们走进了车站前那家名叫"豆子"的咖啡店，随便点了些东西之后，泰朵拉就翻开了笔记本。研究数学的时候我们总是并排坐，这样方便看笔记，而且……嗯，因为方便看笔记。

"首先，按照原理，用实际例子来验证自己的理解。因为'示例是理解的试金石'嘛。我们就随便设五个格点吧。"

$$A(4,1), \quad B(7,3), \quad C(4,6), \quad D(2,5), \quad E(1,2)$$

"我们一计算中点，就发现确实出现了格点。就这个例子来说，我们把点 A, D 当成点 P, Q。这样线段 PQ 的中点就是格点 $M(3,3)$。"

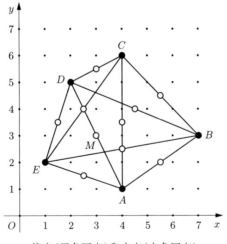

格点(黑色圆点)和中点(白色圆点)

线段 AB 的中点 $= \left(\dfrac{4+7}{2}, \dfrac{1+3}{2} \right) = (5.5, 2)$

线段 AC 的中点 $= \left(\dfrac{4+4}{2}, \dfrac{1+6}{2} \right) = (4, 3.5)$

线段 AD 的中点 $= \left(\dfrac{4+2}{2}, \dfrac{1+5}{2} \right) = (3, 3)$ （格点）

线段 AE 的中点 $= \left(\dfrac{4+1}{2}, \dfrac{1+2}{2} \right) = (2.5, 1.5)$

线段 BC 的中点 $= \left(\dfrac{7+4}{2}, \dfrac{3+6}{2} \right) = (5.5, 4.5)$

线段 BD 的中点 $= \left(\dfrac{7+2}{2}, \dfrac{3+5}{2} \right) = (4.5, 4)$

线段 BE 的中点 $= \left(\dfrac{7+1}{2}, \dfrac{3+2}{2} \right) = (4, 2.5)$

线段 CD 的中点 $= \left(\dfrac{4+2}{2}, \dfrac{6+5}{2} \right) = (3, 5.5)$

线段 CE 的中点 $= \left(\dfrac{4+1}{2}, \dfrac{6+2}{2} \right) = (2.5, 4)$

线段 DE 的中点 $= \left(\dfrac{2+1}{2}, \dfrac{5+2}{2} \right) = (1.5, 3.5)$

泰朵拉高高举起握紧的拳头扬言道："那么，我要在此拿出'秘密工具'了！"

"什么秘密工具啊，朵拉 A 梦？"

"是'调查奇偶性'啦！"今天的泰朵拉，眼中闪着不一样的神采。

◎　　◎　　◎

是"调查奇偶性"啦!

设与格点对应的复数为 $x+y\mathrm{i}$,调查 x,y 的奇偶性,这样一来,就会变成下面四种情况中的一种。

	x	y
情况1	偶数	偶数
情况2	偶数	奇数
情况3	奇数	偶数
情况4	奇数	奇数

给出了五个格点。

因为我们把五个格点分类成四种情况,所以至少有两个点 x,y 的奇偶性相同。

我们把这两个 x,y 奇偶性相同的点设为 P,Q。比如 P(偶数,奇数),Q(偶数,奇数)。因为 P,Q 的横纵坐标 x,y 的奇偶性是相同的,所以 P,Q 的中点 M 的横坐标 x 和纵坐标 y 就是下面这种形式。

$$\frac{偶数+偶数}{2} \quad 或者 \quad \frac{奇数+奇数}{2}$$

偶数与偶数的和,奇数与奇数的和都是偶数。

$$\begin{cases} 偶数 + 偶数 = 偶数 \\ 奇数 + 奇数 = 偶数 \end{cases}$$

所以 P,Q 的中点 M 的坐标是偶数除以 2,横坐标 x 和纵坐标 y 都是整数。这就说明,M 是格点。

综上所述,可证得不管五个格点放在哪里,都可以选出两点,使这两点的中点为格点。

好了,这样我们的工作就告一段落了……嘿嘿。

解答5-2 （五个格点）

不管五个格点在哪里，都存在坐标奇偶性一致的两个点。可以将这两个点作为 P, Q。

◎ ◎ ◎

"嘿嘿。"泰朵拉似乎很高兴地说道。

居然用了米尔嘉的标志性台词。泰朵拉真有一套啊。

话说回来……

"这漂亮地运用了**鸽笼原理**呀。"

"鸽笼原理……那是什么？"泰朵拉笨拙地东张西望。——在学鸽子吗？

"鸽笼原理说的是，有 $n + 1$ 只鸽子钻进 n 个鸽笼，那么至少有一个鸽笼里关着两只或两只以上的鸽子。就是这么个原理。"

"嗯……这不是理所当然的吗？"

"是理所当然，不过也是个方便的原理。"

"这次的问题里有出现鸽笼吗？"

"'奇偶的情况'就是鸽笼，格点就是鸽子。'把五个格点分类成四种情况，至少有两个格点是同一情况'跟'在四个鸽笼里放五只鸽子，至少有两只进了同一个鸽笼'是一回事吧。"

"学长……没错，没错，确实没错！"

"你说了三次'没错'，质数。"

"鸽笼原理……真的用到了呢！"

鸽笼原理

有 $n + 1$ 只鸽子钻进 n 个鸽笼，那么至少有一个鸽笼里关着两只或两只以上的鸽子。在这里，n 是自然数。

"这原理说起来谁都懂，没想到居然还起了名字，得写下来才行，鸽笼……原理。"

泰朵拉拿出笔袋，把鸽笼原理记在笔记本上。

"咦？泰朵拉，给我看看你那页笔记。"

"这页吗？是我算了又算的草稿，太丢人了。"

笔记写了大概有 5 页，上面画了一堆格点和格点连成的星形图形。很明显泰朵拉一直想着这个格点问题，试了多种多样的情况。

"泰朵拉，你试了很多种情况啊。"

"没错。我把学长你经常挂在嘴边的那句'示例是理解的试金石'拿来实践了。为了能真正理解这个问题，就一个劲儿地举例子，确实怎么举例都会出现格点。然后我就回到了格点的定义——横坐标 x 和纵坐标 y 都是整数。要想让中点成为格点，必须让两点坐标的和能被 2 整除……然后我走到这一步才意识到要分奇偶情况讨论。所以能解决这个问题，都是多亏了学长。"

泰朵拉说着，脸上绽开微笑。

泰朵拉很努力嘛。

两个小挂饰垂在泰朵拉的笔袋下，一个是用细长的银色金属丝弯成的鱼形挂饰，还有一个是发着蓝色金属光泽的字母 M。是名字的首字母吗？不过，泰朵拉的首字母是 T 啊。

M，是谁名字的首字母呢？

5.4　可以粉碎的质数

第二天。

放学后的教室，只剩下我和米尔嘉。

"你可爱的妹妹还好吧？"

米尔嘉轻轻用手指撩起垂散在额头前的刘海，问道。

"诶？啊，你说尤里？她挺好的，脚已经没事了。"

"你直接叫她名字啊。"

"嗯，因为从小就在一起。"

"尤里跟你长得很像嘛。"米尔嘉说。

"是吗……差不多吧，因为是亲戚嘛。"

"抗打击能力也很强。"

"她被你突然给了一句，犹如醍醐灌顶，很高兴。"

"这边也很像。"

米尔嘉伸出右手，触碰我的左耳。

"干，干什么？！"我吓了一跳，身子直往后缩。

"耳朵形状很像，你跟尤里。"

"是，是吗……"我怎么会记得耳朵的形状啊。

"拐点的位置。"

"啊？"

"尤里的耳朵，这里也有一个拐点。"

米尔嘉摸着我的耳朵。

"啊……？"

"怎么脸红了？"米尔嘉歪着头看我。

"我才没脸红呢！"

"你还能知道自己脸是什么颜色啊，真有才。"

"因为你眼镜里照出我的脸了。"

"喔……能看见啊。"

"能看见，你看……"我凑上去，盯着自己在米尔嘉眼镜里的影子，"这里……就能看见。"

"你的眼镜也把我照出来了。"米尔嘉说。

一句话让我意识到,我无意之间贴她太近了。

米尔嘉伸出双手,抓住我两只耳朵。

她就这么把我拉了过去……

"学长,大发现大发现!"活力四射的少女伴着她那惯有的大嗓门登场了。

米尔嘉迅速放开手,我险些向后跌倒。

泰朵拉看我们没在图书室,就过来找我们了。

"我把'两个数的平方差等于两数之和乘以两数之差'用在复数上,发现了不得了的事!能把质数因数分解!"

泰朵拉高高挥动着手里的笔记本。

"打个比方,我试着把 2 分解成 1 + 1 这样的形式,做了这样的变形。"

$$
\begin{aligned}
2 = 1 + 1 & \qquad 把 2 拆成 1 跟 1 的和 \\
= 1^2 + 1 & \qquad 把 1 写成 1^2 \\
= 1^2 - (-1) & \qquad 把 1 写成 -(-1) \\
= 1^2 - i^2 & \qquad -1 等于 i^2 \\
= (1 + i)(1 - i) & \qquad 把 "平方差" 变成 "和与差的积" 的形式
\end{aligned}
$$

"也就是说,存在以下等式!"

$$2 = (1 + i)(1 - i)$$

"这样,就把质数 2 因数分解了!"

啊……我总算明白她想说什么了。

"我说,泰朵拉……计算本身是正确的,但是你把 2 分解成了复数的积,并不是整数的积。"

"但是……"泰朵拉把目光投到笔记本上。

"我知道你喜欢因数分解，但是这样根本说不过去啊！——啊，好疼！"

"不配当老师。"米尔嘉说。

"我又不是老师！"而且也不至于踹我啊。

"展开思路。"米尔嘉无视了我，继续说道，"确实泰朵拉的等式 $2 = (1 + i)(1 - i)$ 没把质数分解成整数的积的形式，但是把 $1 + i$ 和 $1 - i$ 看成整数的一种又如何呢？事实上，当 a, b 为整数时，复数 $a + bi$ 称为**高斯整数**。$1 + i, 1 - i, 3 + 2i, -4 + 8i$ 这样的都是高斯整数。当然高斯整数也包括 $a + bi$ 中 $b = 0$ 的情况，也就是说高斯整数包含普通的整数。全体整数的集合写作 $\mathbb{Z}$，全体高斯整数的集合写作 $\mathbb{Z}[i]$，这个表示方法，象征 i 缠绕着 $\mathbb{Z}$。"

整数 $\mathbb{Z}$ 和高斯整数 $\mathbb{Z}[i]$

假设 a, b 为整数，则我们把 $a + bi$ 称为高斯整数。

$$\mathbb{Z} = \{\cdots, -2, -1, 0, 1, 2, \cdots\} \quad \text{全体整数的集合}$$

$$\mathbb{Z}[i] = \{a + bi \mid a \in \mathbb{Z}, b \in \mathbb{Z}\} \quad \text{全体高斯整数的集合}$$

当 $a \in \mathbb{Z}$，$b \in \mathbb{Z}$ 时，我们用 $\{a + bi \mid a \in \mathbb{Z}, b \in \mathbb{Z}\}$ 表示全体 $a + bi$ 形式的数字集合。

"就像取整数时取数轴上分散的值一样，取高斯整数时也要取复平面上分散的值。整数是一维空间，高斯整数是二维空间。"

"米尔嘉，这是格点吧！"泰朵拉叫道。

"没错。高斯整数对应复平面上的格点。泰朵拉你刚刚用 $2 = (1 + i)(1 - i)$ 表示的就是

在整数 $\mathbb{Z}$ 中是质数，

但在高斯整数 $\mathbb{Z}[i]$ 中不能成为质数的数字。

2这个数字在整数 $\mathbb{Z}$ 里是质数，可是在高斯整数 $\mathbb{Z}[i]$ 里就不是质数，因为它能分解成积的形式。"

"就像是不应该坏掉的原子坏掉了吗……"我说。

"这比喻挺浪漫的嘛。"米尔嘉冷冷地回了我一句。

"我们的质数，在高斯整数 $\mathbb{Z}[i]$ 里，全部都能被因数分解呢……"

"谁说'全部'的？"

"啊？不……不对吗？"泰朵拉慌了。

"不对。我们的整数 $\mathbb{Z}$ 里包含两种质数。一种拿到高斯整数 $\mathbb{Z}[i]$ 里能分解成积的形式，可以说是'可以粉碎的质数'。打比方说，把 2 拿到 $\mathbb{Z}[i]$ 的世界里进行分解，就得到 $(1+i)(1-i)$。而另一种质数即使拿到高斯整数 $\mathbb{Z}[i]$ 里，也不能分解成积的形式，这就是'无法粉碎的质数'。比如 3，即使把它拿到 $\mathbb{Z}[i]$ 里也无法将其粉碎。3 即使在 $\mathbb{Z}[i]$ 里也还是质数。但是要注意一下，可以粉碎和无法粉碎不是正式的数学用语。± 1 既不是合数也不是质数，它叫作**单数**。"

$$
整数\mathbb{Z}\begin{cases} 零 & (0) \\ 单数 & (\pm 1) \\ 合数 & (\pm 4, \pm 6, \pm 8, \pm 9, \pm 10, \cdots) \\ 质数 \begin{cases} \text{“可以粉碎的质数”} & 可以用\mathbb{Z}[i]分解成积的形式 \\ \text{“无法粉碎的质数”} & 不能用\mathbb{Z}[i]分解成积的形式 \end{cases} \end{cases}
$$

原来如此，"可以粉碎的质数"和"无法粉碎的质数"……米尔嘉这不也用了个浪漫的比喻吗。

米尔嘉扫视了一下我们的表情，缓缓地转过去，面向黑板。我跟泰朵拉简直像中了邪一样跟着她。

　　米尔嘉拿过一支粉笔，静静地闭上眼……三秒钟。

　　"从现在开始，来把我们的质数一个个粉碎，试试能不能看穿有哪些情况属于'无法粉碎的质数'。"

　　米尔嘉开始在黑板上写起了数学公式。

$$2 = (1 + i)(1 - i) \qquad\qquad 可以粉碎$$
$$3 = 3 \qquad\qquad 无法粉碎$$
$$5 = (1 + 2i)(1 - 2i) \qquad\qquad 可以粉碎$$
$$7 = 7 \qquad\qquad 无法粉碎$$
$$11 = 11 \qquad\qquad 无法粉碎$$
$$13 = (2 + 3i)(2 - 3i) \qquad\qquad 可以粉碎$$
$$17 = (4 + i)(4 - i) \qquad\qquad 可以粉碎$$

　　"还看不太出来。我们把质数列中'无法粉碎的质数'圈出来。"

$$2 \quad ③ \quad 5 \quad ⑦ \quad ⑪ \quad 13 \quad 17 \quad \cdots$$

　　"这样也看不出来。我们干脆不用质数列，而是用全体整数列来看看。把从 2 到 17 的所有整数中'无法粉碎的质数'画上圈，就能看出些端倪了。"

$$2 \quad ③ \quad 4 \quad 5 \quad 6 \quad ⑦ \quad 8 \quad 9 \quad 10 \quad ⑪ \quad 12 \quad 13 \quad 14 \quad 15 \quad 16 \quad 17 \quad \cdots$$

　　"再替换成表的形式，就能清楚地看出都有哪些情况了。"

		2	③
4	5	6	⑦
8	9	10	⑪
12	13	14	15
16	17	$\cdots$	

"这之后会怎么样呢？我非常，非常想知道！"泰朵拉看着米尔嘉，激动得脸都泛起了红潮。

"确实很令人感兴趣。那么，我们按顺序来粉碎比 17 大的质数。"米尔嘉继续写下数学公式，粉笔敲击黑板的声音也高昂了许多。

$19 = 19$	无法粉碎
$23 = 23$	无法粉碎
$29 = (5 + 2i)(5 - 2i)$	可以粉碎
$31 = 31$	无法粉碎
$37 = (6 + i)(6 - i)$	可以粉碎
$41 = (5 + 4i)(5 - 4i)$	可以粉碎
$43 = 43$	无法粉碎
$47 = 47$	无法粉碎
$53 = (7 + 2i)(7 - 2i)$	可以粉碎
$59 = 59$	无法粉碎
$61 = (6 + 5i)(6 - 5i)$	可以粉碎
$67 = 67$	无法粉碎
$71 = 71$	无法粉碎
$73 = (8 + 3i)(8 - 3i)$	可以粉碎
$79 = 79$	无法粉碎
$83 = 83$	无法粉碎
$89 = (8 + 5i)(8 - 5i)$	可以粉碎
$97 = (9 + 4i)(9 - 4i)$	可以粉碎

"来，我们把这些结果做成表的形式。质数以外的数字我们用 · 来代替。"

		2	③
·	5	·	⑦
·	·	·	⑪
·	13	·	·
·	17	·	⑲
·	·	·	㉓
·	·	·	·
·	29	·	㉛
·	·	·	·
·	37	·	·
·	41	·	㊸
·	·	·	㊼
·	·	·	·
·	53	·	·
·	·	·	(59)
·	61	·	·
·	·	·	(67)
·	·	·	(71)
·	73	·	·
·	·	·	(79)
·	·	·	(83)
·	·	·	·
·	89	·	·
·	·	·	·
·	97	·	·

“！”我吃了一惊。真令人惊讶。画圈的数字整齐地排列在右端。因为表的每行包含 4 个数字……所以右端的是“除以 4 后余数为 3 的质数”。

画圈的是“无法粉碎的质数”。也就是说，“可以粉碎的质数”，即能用 $(a+bi)(a-bi)$ 的形式表示的质数除以 4 后，余数不为 3，不是吗？除以 4 之后的余数有什么特别的含义吗？

问题 5-3　（可以粉碎的质数）

质数 p 和整数 a, b 具有以下关系。证明 p 除以 4 余数不为 3。

$$p = (a + bi)(a - bi)$$

"要证明这个太简单了。"米尔嘉说。

把整数根据除以 4 的余数进行分类，整数除以 4 的余数无非就是 $0, 1, 2, 3$ 中的一个。换言之，所有的整数都包含在下列式子之中（其中 q 为整数）。

$$\begin{cases} 4q + 0 \\ 4q + 1 \\ 4q + 2 \\ 4q + 3 \end{cases}$$

将这些式子平方，再提出 4。

$$\begin{cases} (4q + 0)^2 = 16q^2 & = 4(4q^2) + 0 \\ (4q + 1)^2 = 16q^2 + 8q + 1 & = 4(4q^2 + 2q) + 1 \\ (4q + 2)^2 = 16q^2 + 16q + 4 & = 4(4q^2 + 4q + 1) + 0 \\ (4q + 3)^2 = 16q^2 + 24q + 9 & = 4(4q^2 + 6q + 2) + 1 \end{cases}$$

也就是说，用平方数除以 4 的余数只能是 0 或者 1。因此，两个平方数的和 $a^2 + b^2$ 除以 4 的余数只能是 $0 + 0 = 0$、$0 + 1 = 1$ 或者 $1 + 1 = 2$ 中的一个。

因此，$(a + bi)(a - bi) = a^2 + b^2$ 除以 4 的余数不会是 3。

解答5-3 （可以粉碎的质数）

1. 平方数 a^2 除以 4 的余数不是 0 就是 1。

2. 平方数 b^2 除以 4 的余数也不是 0 就是 1。

3. 两个平方数的和 $a^2 + b^2$ 除以 4 的余数是 0, 1, 2 中的一个。

4. 因此，$a^2 + b^2 = (a + bi)(a - bi) = p$ 除以 4 的余数不会是 3。

"综上所述，可以粉碎的质数除以 4 余数不是 3。实际上，若把 p 作为奇质数，则存在以下关系。

$$p = (a + bi)(a - bi) \iff p \text{ 除以4余数为1}$$

这么说来，以前我还出过找不同的题呢。$239, 251, 257, 263, 271, 283$ 这些数字中，不同的是 257。只有这个数是 '可以粉碎的质数'，因为只有 257 这个质数除以 4 余数为 1。"

$$239 = 239 \qquad\qquad \text{无法粉碎}$$
$$251 = 251 \qquad\qquad \text{无法粉碎}$$
$$257 = (16 + i)(16 - i) \qquad \text{可以粉碎}$$
$$263 = 263 \qquad\qquad \text{无法粉碎}$$
$$271 = 271 \qquad\qquad \text{无法粉碎}$$
$$283 = 283 \qquad\qquad \text{无法粉碎}$$

"除以 4 余数为 3 的质数，不仅不能因数分解为 $(a + bi)(a - bi)$ 的形式，也无法分解为其他任何形式。实际上，整数 $\mathbb{Z}$ 中除以 4 余数为 3 的质数在 $\mathbb{Z}[i]$ 里也起着 '质数' 的作用。"

我咀嚼着米尔嘉的话，感觉很不可思议。使用高斯整数 $\mathbb{Z}[i]$，就能理解整数 $\mathbb{Z}$ 中存在可以粉碎质数的情况。

但是，没想到研究能否粉碎竟然跟 "除以 4 的余数" 有关。用余数研究整数原来这么深奥啊。

　　除法和余数我们在小学就学了。原来不知不觉中我们从小学开始就拿着"求余数"这个强有力的工具了啊。想起小学时学除法的时候，我们一字一顿地跟着老师念："除——数——"。像是被这段记忆牵引着一般，我想起了小学高年级时期的老师。老师看了我的笔记本，表扬我："你写的数字真漂亮。"从那以后，我就喜欢在笔记本上写数学公式了。

　　泰朵拉开了口。

　　"米尔嘉，在复平面里计算，在 $\mathbb{Z}[i]$ 里计算，在 $\mathbb{Z}$ 里计算……在这么多范围里计算数字，好有意思啊，而且还掺杂着图形……"

　　"考虑计算的结构是很有意思的。"米尔嘉回答，"为了将计算进一步思考归纳，我们有一个概念——群。这也很有意思，不过今天我们该回去了，明天再讲群论。"

　　"好。"泰朵拉答道。

　　我重新想到。

　　人类真是无法预知未来。

　　我们以为明日也会往常如今日。

　　明天，也能继续听米尔嘉讲解。

　　在放学后，在老地方。

　　虽然我们本应知道"会发生什么都是未知的"。

　　明天再讲群论——米尔嘉确实是这么说的。

　　然而，她却没能遵守约定。

　　因为第二天，发生了交通事故。

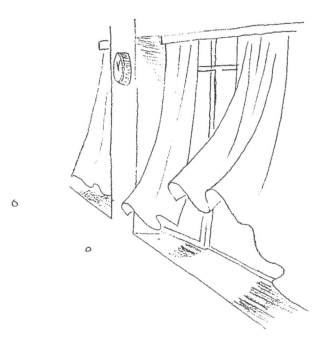

"这些命题"反映了一个事实。
数字世界从 $\mathbb{Z}$ 扩展到 $\mathbb{Z}[i]$ 时，质数分解的形态，
是由质数除以 4 的余数决定的。
——加藤和也，黑川信重，斋藤毅，《数论 I》[25]

我的笔记

用下图来表示 $\triangle OPQ$ 和 $\triangle OP'Q'$ 相似。

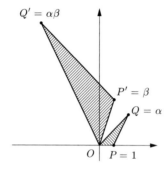

设 $a, b, c, d \in \mathbb{R}$（$\mathbb{R}$ 为实数集），则 α, β 表现为以下形式。

$$\begin{cases} \alpha & = a + b\mathrm{i} \\ \beta & = c + d\mathrm{i} \end{cases}$$

此时，可用下列等式表示 $\alpha\beta$。

$$\begin{aligned} \alpha\beta &= (a + b\mathrm{i})(c + d\mathrm{i}) \\ &= ac + ad\mathrm{i} + b\mathrm{i}c + bd\mathrm{i}^2 \\ &= (ac - bd) + (ad + bc)\mathrm{i} \end{aligned}$$

No.

Date　　.　　.

用 a, b, c, d 表示两个三角形的各边。

首先，$\triangle OPQ$ 的三边边长如下所示。

$\overline{OP} = |1| = 1$

$\overline{PQ} = |\alpha - 1| = |a + bi - 1| = |(a - 1) + bi| = \sqrt{(a-1)^2 + b^2}$

$\overline{OQ} = |\alpha| = |a + bi| = \sqrt{a^2 + b^2}$

然后，$\triangle OP'Q'$ 的三边边长如下所示。

$$\overline{OP'} = |\beta| = |c + di| = \sqrt{c^2 + d^2} = 1 \times \sqrt{c^2 + d^2} = \overline{OP} \times |\beta|$$

$$\begin{aligned}
\overline{P'Q'} &= |\alpha\beta - \beta| \\
&= |(\alpha - 1)\beta| \\
&= |((a - 1) + bi)(c + di)| \\
&= |((a - 1)c - bd) + ((a - 1)d + bc)i| \\
&= \sqrt{((a-1)c - bd)^2 + ((a-1)d + bc)^2} \\
&= \sqrt{((a-1)^2 + b^2)(c^2 + d^2)} \\
&= \sqrt{((a-1)^2 + b^2)} \times \sqrt{(c^2 + d^2)} \\
&= \overline{PQ} \times |\beta|
\end{aligned}$$

$$\overline{OQ'} = |\alpha\beta|$$
$$= |(ac - bd) + (ad + bc)\mathrm{i}|$$
$$= \sqrt{(ac - bd)^2 + (ad + bc)^2}$$
$$= \sqrt{a^2c^2 - 2abcd + b^2d^2 + a^2d^2 + 2abcd + b^2c^2}$$
$$= \sqrt{a^2c^2 + b^2d^2 + a^2d^2 + b^2c^2}$$
$$= \sqrt{(a^2 + b^2)(c^2 + d^2)}$$
$$= \sqrt{(a^2 + b^2)} \times \sqrt{(c^2 + d^2)}$$
$$= \overline{OQ} \times |\beta|$$

最后得到

$$\begin{cases} \overline{OP'} & = \overline{OP} \times |\beta| \\ \overline{P'Q'} & = \overline{PQ} \times |\beta| \\ \overline{OQ'} & = \overline{OQ} \times |\beta| \end{cases}$$

可以说，三边比例相等。

$$\overline{OP} : \overline{PQ} : \overline{OQ} = \overline{OP'} : \overline{P'Q'} : \overline{OQ'}$$

> 何为幸福，我也搞不清。
>
> 其实，无论多么痛苦的事，
>
> 只要能正道直行，即使赴汤蹈火，也能一步步接近幸福。
>
> ——宫泽贤治《银河铁道之夜》

6.1 奔跑的早晨

一大清早，泰朵拉就冲进了我的教室。

"学长！米尔嘉她……她被卡车撞了！"

我几乎从椅子上弹起来。

"你说米尔嘉，她怎么了？！"

我抓着泰朵拉的双肩。

"刚才，刚刚，就在那里……"泰朵拉语无伦次，几乎快哭出来了。

"我听不明白！"我用力摇晃她。

"学长，疼，疼……米尔嘉站在红绿灯对面，卡车就向她冲了过去……声音超级大，直到救护车来了，我整个人都还，动不了……"

红绿灯？国道吗？

我跑出了教室，一口气冲下楼梯，穿着室内鞋就冲出了校门，穿过曲折的小路到达了国道。

十字路口聚满了人，一台警车停在那里。卡车撞上了红绿灯柱，几乎半毁，玻璃碎片散落一地。

米尔嘉呢？我焦急地环视四周。啊！她不可能在这儿！救护车都来过了！

救护车，救护车……去了中央医院吗？！

我飞奔了过去。

我不停地跑着。

从没有这么尽全力奔跑过。我甚至无视了半路上所有的红绿灯，没发生事故真是奇迹。不行，不可以，还没有……我，什么都还没有……我一路飞奔，心中不停地呼喊着米尔嘉的名字。

中央医院。

接待处的女员工盯着我这副喘得上气不接下气的模样，不知给哪打了个电话，然后看向墙壁上的白板，动作慢得让人抓狂。

"在手术室 A。啊，医院里请勿奔跑！"

我还是全力跑着——然后，脚步停在了手术室 A 前。

轻轻地推开门，一股消毒液的味道。

里面有一位护士，背对着我不知在洗什么。

我背过手关了门，隔绝了走廊的喧闹声。

护士转过身来。

"有什么事吗？"

"刚刚救护车运过来的那个女孩子，她人在这里吗？"

"她还在睡着……"

"我醒了。"

帘子后面传来冷冷的声音。是米尔嘉的声音。

◎　　　◎　　　◎

她穿着蓝色的病号服躺在床上，没戴眼镜，目不转睛地盯着我。

"米尔嘉……"我不知道说什么好。

"嗯……"

我在床边的椅子上坐下，小桌上放着她的眼镜，镜框扭曲得很严重。

"米尔嘉……你不要紧吧？"

她眨了两三次眼才开始说话。

"正在我想过人行横道的时候，卡车冲了过来，司机想避开我，却不小心失去平衡翻车了。我手臂重重地撞在了什么地方，疼得不行，你看……"

米尔嘉的左手臂上缠满了绷带。

"那，车没撞到你吧？"

"我记不太清了……右脚上也缠满了绷带，感觉好痛，你看……"

"米尔嘉！脚不用给我看，躺好不要动……"

"还撞到了头，爬不起来，恍恍惚惚之间不知道什么时候，就被抬上了救护车……喂，你知道不？"

"嗯？"

"救护车坐起来超难受。司机开车开得猛，车也震得厉害。"

我笑了一下。

"用我给你拿点什么吗？喝果汁吗？"

"什么都不用。"

"那，我就在外面，有什么事就叫我……"

我站起身，她从床上伸出手对我说：

"看不清，你的脸。"

我把脸凑近。

米尔嘉的手轻轻地滑过我的脸。

（好温暖）

我坐回椅子上，两手覆盖在她的手上。米尔嘉闭起眼，时间就这样静静流过。不久，她呼吸渐渐平缓，进入了梦乡。

我握着她的手，安静地看着她的睡脸。长长的睫毛，微微浮着笑意的嘴角，胸部随着呼吸缓缓上下浮动……

她活着。

不经意间，泪水涌出了我的眼眶。

6.2　第一天

6.2.1　为了将运算引入集合

"我以为做完检查马上就能出院了，没想到居然让我住三天。太无聊了，你带泰朵拉一起来看我，我们一起研究数学。"

这是米尔嘉的请求——或者说是命令。

于是，我跟泰朵拉第二天就去探望了无聊的女王陛下。米尔嘉很欢迎我们来听她的群论入门课。

"首先，从集合说起。"米尔嘉把长发梳到脑后，从床上坐起身说道。

◎　　　◎　　　◎

首先，从集合说起。

我们知道很多种关于数字的集合。

- ℕ 是全体自然数的集合 $\{1, 2, 3, \dots\}$。
- ℤ 是全体整数的集合 $\{\dots, -3, -2, -1, 0, 1, 2, 3, \dots\}$。
- ℚ 是全体有理数的集合(有理数可写作两个整数之比)。
- ℝ 是全体实数的集合。
- ℂ 是全体复数的集合。

从小学到高中,我们都一直在学习数字的集合,学习运算。换个角度,我们不研究刚刚提到的那些集合,而是将运算引入完全不同的集合之中试试,这也会很有趣哦。

6.2.2　运算

"对于集合 G,我们假设定义有 $\star$ 这个运算。对于集合 G 的任意元素 a 和 b,都有以下关系成立。

$$a \star b \in G$$

此时,我们称'关于运算 $\star$,集合 G 封闭'。"

米尔嘉刚讲完"封闭"这个用语,泰朵拉就举起了手。她是那种不管讲解对象是否在眼前,只要有问题,都会毫不犹豫地举手发问的人。

"我有问题,符号 $\star$ 是什么意思呢?"

"意思?我们先不说 $\star$ 具体是什么样的运算,你只要想着 $\star$ 是要进行某种运算就行了。这么说可能有点不近人情,总之你可以先想成是 $+$ 啊 $\times$ 啊之类的运算。跟我们拿字母 a 或 b 代替具体数字一个道理,只是用符号 $\star$ 来代替具体运算。"米尔嘉一气呵成地解说道。

"我懂了。还有个问题,集合的这个符号是……"

"式子 $a \in G$ 读作 'a 是 G 的元素',用英语说就是 'a is an element of G' 或者 'a belongs to G',更简单地说就是 'a is in G'。你把

$a \star b \in G$ 想成 '$a \star b$ 是集合 G 的元素' 这个命题就好。关于 a 和 b 的运算结果，也就是 $a \star b$ 具体是什么，我们先不讨论，只保证 '$a \star b$ 也是集合 G 的元素' 就行。直到你习惯 $\in$ 这个符号……没眼镜我看不太清楚，你参照他正在笔记本上画的那张图应该就行。"

我正听着米尔嘉的话做着笔记，话锋就这么突然向我转来，我不禁吓了一跳。

这时恰好我在听米尔嘉讲话，刚刚往集合 G 的圆圈里写下 $a, b, a \star b$ 这三个元素。

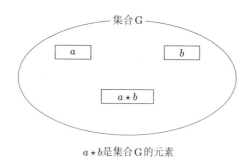

$a \star b$ 是集合 G 的元素

"嗯，我懂了。"泰朵拉答道，"话说，为什么集合会是 G 啊？'集合'的英文明明是 set 吧。"

"从集合出发，然后定义群。'群'的英文是 group。"

"原来 G 是 group 的首字母啊……"

"那么，我举个 $\in$ 符号的例子看看你们理解了没有。N 表示全体自然数的集合，下面这个命题为真命题吗？"米尔嘉一把从我手里拿过笔记本和自动铅笔，写道：

$$1 \in N$$

"因为 1 是自然数，1 就是 N 的元素，所以 $1 \in N$ 为真命题。"泰朵拉干脆地回答道。

"好，那这个呢？"

$$2 + 3 \in \mathbb{N}$$

"因为 $2 + 3$ 是 5，这个也是自然数，所以 $2 + 3 \in \mathbb{N}$ 为真命题。"

"好，不过不要说'$2 + 3$ 是 5'，要说'$2 + 3$ 等于 5'。"

"好的，$2 + 3$ 等于 5。"

"那么，泰朵拉，能说'全体自然数的集合 $\mathbb{N}$，关于运算 $+$ 都封闭'吗？"米尔嘉注视着泰朵拉的眼睛。

"嗯嗯……我认为是。"

"为什么？"

"要说为什么……这个，怎么说才好呢……"

"泰朵拉，从定义出发去想想。"我搭了把手。

"你别说话。"米尔嘉瞪了我一眼，"可以从定义出发去想呀，泰朵拉。因为关于集合 $\mathbb{N}$ 的任意元素 a 和 b，都满足 $a+b \in \mathbb{N}$。所以可以说关于运算 $+$，全体自然数的集合 $\mathbb{N}$ 都封闭。"

"那个……我可以把它看成'两个自然数相加，结果还是自然数'吗？"

"可以。集合 G 关于运算 $\star$ '封闭'的说法，正是这个意思。"

"嗯！我明白了！"泰朵拉活力十足地喊道。

运算的定义（关于运算封闭）

集合 G 关于运算 $\star$ 封闭，指的是对于集合 G 的任意元素 a 和 b，运算 $\star$ 都满足以下关系。

$$a \star b \in G$$

6.2.3　结合律

米尔嘉加快了节奏。

"下一个是**结合律**。这是一个'不拘泥于运算顺序'的法则。"

$$(a \star b) \star c = a \star (b \star c)$$

泰朵拉又噌地一下举起手。

"那个，米尔嘉，我知道加法运算中 $(2+3)+4 = 2+(3+4)$，所以我也明白这个'结合律'。不过这需要证明……吗？就是说，我不明白怎么去理解你刚刚讲的'结合律'。"

"听好了泰朵拉。"米尔嘉嗓音轻柔，"我不是让你去证明。首先，请先理解这个规律叫作'结合律'，之后我们会讲到好几条法则，然后我会在最后说明'……满足以上这些法则的集合就叫作群'。换言之，我现在正在为定义群而做准备呢。"

"我明白了，我先这么理解着。有时候数学课上也会讲到像这次的结合律一样超——级——理所当然的内容。这种时候我一般都很迷茫。我是应该把这些理所当然的内容'背下来'呢？还是应该'去证明'呢？"

"问得非常好。"我插了句嘴，"既然在上课，问老师就好了吧？"

"肯定有很多老师回答不出来。"米尔嘉说。

结合律

$$(a \star b) \star c = a \star (b \star c)$$

6.2.4 单位元

"讲义"继续。真是的,这儿哪是病房啊,都成了讲堂了。米尔嘉像挥舞指挥棒一般挥动着食指,似乎每挥一下都会飘出新的音符。

"接下来,我们来讲讲**单位元**。"米尔嘉接着讲道,"打比方说,我们做加法运算的时候,不管在哪个数上加上 0,这个数字都'不会变'。乘法运算的时候,不管在哪个数上乘上 1,这个数也'不会变'。也就是说,'加法运算中的 0'和'乘法运算中的 1'很像。把这个'不会变'的因素用数学语言表现出来就是单位元。一般把单位元记作 e。对于任意元素 a,元素 a 与元素 e 的运算结果都始终为 a,也就是不变。我们把这样的元素 e 称为单位元。"

单位元的定义(单位元 e 的公理)

对于集合 G 中的任意元素 a,我们把集合 G 中满足以下等式的元素 e,称为在运算 $\star$ 中的单位元。

$$a \star e = e \star a = a$$

"米尔嘉……我头都晕了!最后单位元就是 0 吗?还是 1?总感觉像说悄悄话似的,明白的人自然明白,不明白的人还是不明白啊。"

"对于全体整数的集合 $\mathbb{Z}$ 来说,在运算 $+$ 里单位元就是 0,但是在运算 $\times$ 里单位元是 1。"

"诶?诶诶诶?"

"单位元根据集合和运算而不同。里面的元素 e 具体是什么都可以。只要满足对于集合 G 中的任意元素 a,都存在 $a \star e = e \star a = a$ 这个等式就行。这样我们就把这个元素 e 称为单位元。为了理解 e 这个元素实际是什么,问问也没关系,不过证明的时候只需要用到公理。"

"?"

"这么说比较好吧，一切都取决于这个元素是不是单位元，满不满足单位元的公理。换句话说就是——公理创造定义。"

"没完全懂，不过大致上懂了。"

我静静地听着她们俩说话。

我一直把定义理解为"词汇的严格含义"。这大体上来说没什么错，然而我从没把"数学公式"包含在"词汇"的范围之中。

"公理创造定义"——这是用数学公式这个最严密的词汇，以及名为公理的命题来定义的意思吗？

我自认喜欢数学公式，却没有想过把数学公式建立在数学的地基上啊。

这么说来，之前米尔嘉在讲虚数单位 i 的时候，也提起过公理和定理。

"定义"一个数字 i，使得 i 满足方程 $x^2 + 1 = 0$。

我们用方程式的形式表示了 i 应该满足的"公理"。

那时，她故意把公理和定义放在了一起讲。

6.2.5　逆元

"接下来是**逆元**。"米尔嘉说。

"这么说来，'元'到底是什么啊？刚才也出现了单位元这个用语……"

"集合的元跟集合的元素是一个意思。用英语说就是 element。"

"element？也就是……构成全体的每个元素吧？"

"对于元素 a，我们将满足以下等式的元素 b 称为元素 a 的逆元。"

逆元的定义（逆元的公理）

假设 a 为集合 G 的元素，e 为单位元，对于 a 存在 $b \in$ G 满足以下等式，则将 b 称为关于运算 $\star$ 的 a 的逆元。

$$a \star b = b \star a = e$$

用实数来说，就是关于运算 +，3 的逆元是 −3；关于运算 ×，3 的逆元是 $\frac{1}{3}$。

6.2.6 群的定义

米尔嘉挺直腰背，张开双臂，满是绷带的左手臂看上去很惨烈，不过她的动作全都那么优雅。

"那么，我们定义了'运算''结合律''单位元''逆元'，接下来终于能定义'群'了。"

群的定义（群的公理）

我们将满足以下公理的集合 G 称为**群**。

- 关于**运算** ⋆ 封闭。
- 对于任意的元，都满足**结合律**。
- 存在**单位元**。
- 对于任意的元，都有与其相对应的**逆元**。

关于运算 ⋆ 封闭，对于任意的元都满足结合律，存在单位元，对于任意的元都有与其相对应的逆元——

我们称如此集合为**群**。

米尔嘉宣布。

6.2.7 群的示例

"泰朵拉，你看到这样的公理会怎么办？"米尔嘉问道。

"认真读。"

"那是必须的，然后呢？"

"然后……"泰朵拉偷瞄了我一眼。

"答案在他脸上写着呢吗？"

"不是不是，嗯……举例子，'示例是理解的试金石'。"

"对。想举例子，就需要理解力和想象力。例如，下面这个命题是真命题吗？"米尔嘉立即问道。

"全体整数的集合 $\mathbb{Z}$ 构成关于运算 + 的群。"

"唔，全体整数的集合……能构成群吧。"

"为什么这么想？"

"唔……我感觉能。"

"不行。"米尔嘉说。

她口中的"不行"是一把利刃，断得利落爽快。

"泰朵拉，你确认一下是否满足群的公理，满足就是群，不满足就不是群。因为公理创造定义。"

"啊，好，不过……"泰朵拉有些慌张。

"$\mathbb{Z}$ 关于运算 + 封闭吗？"米尔嘉问道。

"嗯……是。因为把整数加在一起，结果还是整数。"

"结合律成立？"米尔嘉不给任何喘息机会，迅速扔出下一个问题。

"嗯。"

"存在单位元？"

"单位元……嗯，存在。"

"$\mathbb{Z}$ 中关于'运算 +'的单位元指的是？"

"加了也不变……是 0 吗？"

"对。那么，某个整数 a 的逆元指的是？"

"啊，这个我还不太……逆元指的是……这个……"

"逆元的定义是？"米尔嘉尖锐地追问。

"用运算……那个，不好意思，我忘了。"

"假设 e 为单位元，a 的逆元为 b，则存在 $a \star b = b \star a = e$。"米尔嘉说。

"这指的是……$a + b = b + a = 0$ 吗？但是 a 和 b 相加等于 0 又指的是什么？"

"a 和 b 相加等于 0 的时候，b 是 a 的逆元。a 加上什么数字得 0？"

"相反数……那个，是 $-a$ 吗？"

"对，这就对了。对于整数集合 $\mathbb{Z}$ 的元素 a，其关于运算 + 的逆元指的就是 $-a$。对于任意整数 a，$-a$ 这个逆元都是集合 $\mathbb{Z}$ 的元素。"

"嗯！"

"所以呢？"

"诶？"

"刚才我们一个个确认了群的公理对吧。确认完所有的公理以后，就可以说'全体整数的集合 $\mathbb{Z}$，关于运算 + 都构成群'了。"

"啊，就是为了这个才一一确认的啊。"

"对。"

米尔嘉停了一下，闭上了眼——但只有一瞬，就继续开始往下讲。

"那么，下一个问题。"

"奇数的集合关于运算 + 构成群吗？"

"嗯……我先确认一下是否满足公理。啊，看来不行，比如 $1 + 3 = 4$，但 4 不是奇数。"

"没错。奇数的集合关于运算 + 不封闭，所以不是群。那么，下一个问题。"

"偶数的集合关于运算 + 构成群吗？"

"诶？我觉得跟奇数同理，构不成群。"

"……"米尔嘉沉默着闭上眼，摇了摇头。

"诶？啊！我弄错了。这次可以构成群，因为偶数＋偶数＝偶数。满足结合律、单位元以及逆元的条件。"

"对，那下一个。"

"全体整数的集合关于运算 × 构成群吗？"

"诶？这个之前研究过啊？构成群。"

"不，之前研究的是关于运算＋构成群，这次研究的是运算 ×。全体整数的集合 $\mathbb{Z}$ 关于加法＋构成群，但关于乘法 × 不构成群。这是为什么呢，泰朵拉？"

"诶？全体整数的集合关于乘法 × 不构成群？"

泰朵拉咬着指甲认真想着。

"因为整数 × 整数还是整数，所以是封闭的。结合律当然也成立。单位元……乘上去也不变的数字……当然是 1 了。真的不构成群吗？ ——啊！"

"你明白了吗？"米尔嘉微笑道。

"我明白了，没有逆元。打比方说，3 乘上任何整数也不能得到单位元 1，所以 3 没有逆元。"

"$\frac{1}{3}$ 不是逆元？"米尔嘉问。

"诶？ ——因为 $\frac{1}{3}$ 不是 $\mathbb{Z}$ 的元素啊！"

"就是这样。看来你渐渐明白确认公理的感觉了啊。"

"嗯，明白一点了。"

于是米尔嘉放柔了语气，微笑着说道：

"确认公理和确认定义是一个感觉吧？"

6.2.8 最小的群

我愉快地听着她们两位少女的对话。

"那么泰朵拉，什么样的群元素个数最少？"

问题 6-1 （元素个数最少的群）

元素个数最少的是什么群？

"用没有元素的集合构成的群吗？"泰朵拉问道。

"没错。是空集。"我插了句嘴。

"不对。"米尔嘉予以否定。

"诶？"我很疑惑，"集合中元素个数最少的，不就是一个元素都没有的集合吗？也就是空集啊？"

"你这句话说得对。"米尔嘉回答。

"那空集不就是元素个数最少的群了！"我说。

"不对。空集不能构成群。你们都把群的公理忘了吗？没有单位元无法构成群，空集里没有元素，所以空集不能构成群。"米尔嘉说。

"哦……"

"元素个数最少的群，指的是只有一个元素的集合，不用说，这个元素就是单位元。"

"原来如此。"我说。

"学姐学长，等一下。因为必须具备单位元，所以空集不能构成群，这我明白了。但是根据群的公理，群中还必须具备逆元啊，只有单位元这一个要素不行吧？"

"因为单位元的逆元就是它本身，所以不要紧。"米尔嘉回答。

"在群里，单位元的逆元就是单位元自身。"

"啊……还有这么一回事啊！"泰朵拉一脸恍然大悟的表情。

解答6-1   （元素个数最少的群）

　　元素个数最少的群，是只由单位元构成的群 $\{e\}$。此时，我们用以下等式定义运算 $\star$。

$$e \star e = e$$

换言之，e 的逆元就是 e 本身。

　　"群的**运算表**如下。虽然只包含一个单位元 e，表格比较单调，但表示出了 $e \star e = e$。"

$$\begin{array}{c|c} \star & e \\ \hline e & e \end{array}$$

　　"原来如此，运算表也就是运算 $\star$ 的'九九乘法表'啊。画出运算表，就能定义运算了吧？"我说。

　　"不过九九乘法表并不是封闭的运算表呢。"米尔嘉补了一句。

6.2.9   有2个元素的群

问题6-2   （有2个元素的群）

　　表示出元素个数为 2 的群。

　　"我们来建立元素个数为 2 的群。"米尔嘉说，"假设 e 为单位元，另一元素为 a，先画个空白的运算表，然后再往里面填写。"

$$\begin{array}{c|cc} \star & e & a \\ \hline e & & \\ a & & \end{array}$$

"从单位元的定义出发，我们马上就有可以填的栏了。泰朵拉，你说往哪里填?"

"单位元是元素不变……我知道了，是这里吧，$e \star e$ 和 $e \star a$。"

$$\begin{array}{c|cc} \star & e & a \\ \hline e & e & a \\ a & & \end{array}$$

"竖着的也一样，$a \star e = a$。"米尔嘉又补上了一个空栏。

$$\begin{array}{c|cc} \star & e & a \\ \hline e & e & a \\ a & a & \end{array}$$

"然后，剩下的是 $a \star a$，就等于 e。"米尔嘉填上了最后一个空栏。

$$\begin{array}{c|cc} \star & e & a \\ \hline e & e & a \\ a & a & e \end{array}$$

泰朵拉瞬间举起了手。

"米尔嘉，关于最后填的那个地方，我感觉不一定'等于 e'……比如说用这样的运算表定义 $\star$ 怎么样? 这样元素数量也是 2 个，但跟刚刚你讲的就不是一个群了吧。"泰朵拉画出表格。

$$\begin{array}{c|cc} \star & e & a \\ \hline e & e & a \\ a & a & a \end{array}$$

泰朵拉想的运算表——这是群?

"不行。"米尔嘉回答。

"泰朵拉，这个表格啊……"我忍不住开口。

"不行，让泰朵拉回答。"米尔嘉打断了我，"群的公理她明白。"

"好，我想想……为什么我的运算表不能构成群呢? 嗯……我知道了，一个个确认群的公理就好了。只出现了 e 和 a 两个元素，所以'封闭'……单位元是 e……啊！"泰朵拉抬起头，"我明白了，a 的'逆元'是不存在的。要说为什么……因为 a 这行没有 e，所以不管是 $a \star e$ 还是 $a \star a$ 都不等于 e。所以 a 不存在逆元！所以这下就不能构成群了，对吧！"

"很好。"米尔嘉答道。

解答6-2 （元素个数为 2 的群）

元素个数为 2 的群，是由单位元和另一元素构成的群 $\{e, a\}$。此时，我们用以下等式定义运算 $\star$。

$$e \star e = e$$
$$e \star a = a$$
$$a \star e = a$$
$$a \star a = e$$

换言之，运算表如下所示。

$\star$	e	a
e	e	a
a	a	e

6.2.10 同构

"对了，没必要把元素个数为 2 的群写成 $\{e, a\}$。打个比方，偶数和奇数的和怎么写呢？{ 偶数，奇数 } 关于 + 构成群，偶数是单位元。"米尔嘉说道。

+	偶数	奇数
偶数	偶数	奇数
奇数	奇数	偶数

"{+1, −1} 也行吧。运算为 ×，单位元为 +1。"

×	+1	−1
+1	+1	−1
−1	−1	+1

"像下面这样，元素和运算都为符号的情况又如何呢？对于集合 {☆, ★}，我们定义如下运算 ∘，☆ 是单位元，这也是群。"

∘	☆	★
☆	☆	★
★	★	☆

"不过，这样就全都'一样'了呢。"我说，"不管是 {e, a}，还是 { 偶数，奇数 }，以及 {+1, −1}，还有 {☆, ★}······全都'一样'了。只要把运算表中的文字机械地替换，就变成其他的表了。"

"对，我们称这种'一样'的群为**同构群**。事实上，元素个数为 2 的群都是同构群。"

"同构群······"泰朵拉重复道。

"对，同构群。"米尔嘉渐渐加快了语速，"将同构群同等看待，则本质上只有一个元素个数为 2 的群。不管追溯多少年之前的历史，还是展望多少亿年之后的未来，无论造访世界上哪一个国家，还是将旅途的脚印延伸到宇宙的尽头，都不会动摇这个事实。元素个数为 2 的群本质上只有一个。"

我们默默地聆听着。

"群的公理上哪儿都没写着'元素个数为 2 的群本质上只有一个'。但我们可以将这个结论从群的公理中推导出来。"

这时，米尔嘉突然放缓了语速，右手慢慢抚摸着左手臂的绷带，然后用耳语般的声音说道：

"这是公理给出的无声的制约。这个制约把集合的元素紧紧结合在一起。并不是单纯的捆绑，而是相互结成有序的关系。换言之，就是根据公理给出制约，制约创造结构。"

制约，创造结构……

6.2.11 用餐

到了用餐时间。

阿姨用托盘端来了病号餐，我们收拾好草稿纸和笔记本，开始帮米尔嘉准备用餐。

"看上去很好吃呢。"泰朵拉倒着茶说道。

"病号餐吗……"米尔嘉回应道，"还行吧，餐具差口气，味道差口气，看着也差口气。除了这些也没啥好抱怨的了。"

"不，你抱怨的够多了。"我说。

"跟国际航班的飞机餐很像。不同的是没有葡萄酒。"米尔嘉一脸认真地评价道。

"这儿是医院……怎么可能给你端酒来啊。"我说。

"那个……学长学姐，先不说这个，我们还没有成年呢……"泰朵拉略带惊讶地说道。

"未成年这个制约能不能创造结构呢？"米尔嘉说道。

6.3 第二天

6.3.1 交换律

第二天我们也去了病房。

米尔嘉迎接我和泰朵拉的第一句话是——

"关于任意元都满足**交换律**的群，称为**阿贝尔群**。"

交换律

$$a \star b = b \star a$$

"咦？"泰朵拉诧异地说，"不是说结合律和交换律是一回事吗？"

$$(a \star b) \star c = a \star (b \star c) \qquad \text{结合律}$$
$$a \star b = b \star a \qquad \text{交换律}$$

"结合律说的就是可以改变计算顺序吧？如果是这样的话，就用不着交换律了吧？"

"错了。"米尔嘉说道，"好好看看，结合律中虽然交换了计算的顺序，却没有交换 ★ 号左右的字母。整数集、有理数集、实数集关于加法运算都构成阿贝尔群，也就是满足交换律的群。所以很难想象不满足交换律的情况。"

"差的运算……减法呢？"我说。

"确实差的运算不满足交换律。因为 $a - b = b - a$ 并不一定成立。但是差的运算也不满足结合律。"

"啊，对啊。不适合拿来当群的例子。那么，矩阵呢？"

"嗯。高中数学中'矩阵的乘积'正是不满足交换律的典型例子。"米尔嘉说道。

"昨天……我们考虑了元素个数为 2 的群。"泰朵拉说道，"我认为那个群是满足交换律的……对吗？"

$$
\begin{array}{c|cc}
\star & e & a \\
\hline
e & e & a \\
a & a & e
\end{array}
$$

"为什么这么想啊？泰朵拉？"

"这个……因为 $e \star a = a \star e$ 啊？"

"喔，嗯，泰朵拉说的对，那个群满足交换律。也就是说，刚才泰朵拉证明了'元素个数为 2 的群是阿贝尔群'这个定理。"

"阿贝尔群……"

阿贝尔群的定义(阿贝尔群的公理)

我们将满足以下公理的集合 G 称为**阿贝尔群**。

- 关于**运算** $\star$ 封闭。

- 对于任意的元，都满足**结合律**。

- 存在**单位元**。

- 对于任意的元，都有与其相对应的**逆元**。

- 对于任意的元，都满足**交换律**。

(阿贝尔群与普通群的区别在于是否满足交换律)

6.3.2 正多边形

米尔嘉饶有兴致地往下讲着。

◎　　◎　　◎

提到"元素个数为 2 的群"，我想起来了。

集合 $\{-1, +1\}$ 关于一般的乘法构成群。

×	+1	−1
+1	+1	−1
−1	−1	+1

对了，$x = -1, +1$ 是方程式

$$x^2 = 1$$

的解。方程式的解构成群。方程式的解属于制约的一种,而这个制约恰好创造了群。如果 $x^2 = 1$ 还不足以充分说明问题,我们就提高次数看看,换成三次方程。

$$x^3 = 1$$

这个方程的解是 1 的立方根,有三个,分别如下所示。

$$x = 1, \omega, \omega^2 \quad \text{这里的} \ \omega = \frac{-1 + \sqrt{3}i}{2}$$

事实上,$\{1, \omega, \omega^2\}$ 关于乘法构成了阿贝尔群,因为 $x = \omega$ 是 $x^3 = 1$ 的解,所以我们将其简化为 $\omega^3 = 1$,运算表如下。

$\times$	1	ω	ω^2
1	1	ω	ω^2
ω	ω	ω^2	1
ω^2	ω^2	1	ω

保留指数应该更方便看吧,这样就容易确认是否满足阿贝尔群的公理了。

$\times$	ω^0	ω^1	ω^2
ω^0	ω^0	ω^1	ω^2
ω^1	ω^1	ω^2	ω^0
ω^2	ω^2	ω^0	ω^1

跑题了,一般将 n 次方程式 $x^n = 1$ 的 n 个解构成的集合记作下面这样。

$$\{\alpha_0, \alpha_1, \alpha_2, \cdots, \alpha_{n-1}\}$$

这个集合构成关于乘法运算的阿贝尔群。——是不是太抽象了不容易明白?那我们就从复平面上的几何角度来看。因为单位圆上的复数的绝对值为

1，所以积是"辐角的和"。也就是说，要考虑1的 n 次根，只要考虑将单位圆的圆周 n 等分的点就可以了。

$n = 1$ 时，$\{1\}$ 和只由单位元构成的群同构。

$n = 2$ 时，$\{1, -1\}$ 和由两个元组成的群同构。

$n = 3$ 时，$\{1, \omega, \omega^2\}$ 对应正三角形的顶点。

$n = 4$ 时，$\{1, i, -1, -i\}$ 对应正方形的顶点。

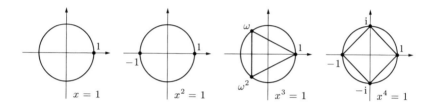

因为1的 n 次根的辐角是 $360° = 2\pi$ 的 n 等分，所以 $x^n = 1$ 的解可用以下形式表述（其中 $k = 0, 1, \cdots, n-1$ ）。

$$\alpha_k = \cos\frac{2\pi k}{n} + i\sin\frac{2\pi k}{n}$$

从方程式的角度来看，我们熟悉的正 n 边形的顶点是"1的 n 次根的解"，从群的角度来看则变成了"元素个数为 n 个的阿贝尔群的例子"。单位圆上的舞蹈真是有趣啊。

6.3.3   数学文章的解释

"泰朵拉，玩弄了这么半天群，你应该明白这句话的含义了吧？"

米尔嘉说着闭上眼，唱起歌来。

椭圆曲线中

有着作为

阿贝尔群的结构

"嗯？如何？"米尔嘉张开眼问道。

"我，我也能明白吗……"泰朵拉不安地回答道。

"先试着想想。"米尔嘉说，"明不明白，不想怎么会知道呢。不能因为'椭圆曲线'和'阿贝尔群'听上去很难就怕了它们。它们等你几百年了，就算不能马上明白也不要怕。要从正面直面它们。"

泰朵拉陷入深思，一脸认真。沉默了一会儿，慢慢开口道：

"我……我不知道'椭圆曲线'，不过'有着作为阿贝尔群的结构'我觉得我还是明白的……不，我明白。阿贝尔群指的是满足交换律的群。这就是阿贝尔群的定义。我知道交换律，也学过群的公理，所以我知道阿贝尔群的定义。这个嘛，椭圆曲线指的应该是某种集合，由它出发应该也可以定义某种运算。因为……"

"群的定义是……"我开口。

"学长！等一下再说，我就要想出来了！群指的是在集合上定义了某种运算。如果说'椭圆曲线中有着作为阿贝尔群的结构'，那么运算就应该定义在椭圆曲线这个集合上，且满足阿贝尔群的公理。也就是说……运算封闭，满足结合律，也有单位元，所有元素都存在与其对应的逆元……然后，嗯，应该也满足交换律。"

米尔嘉满意地点了点头。

我惊呆了！泰朵拉吃透了定义。这样啊，即使不知道椭圆曲线这个用语，只要以已经知道的阿贝尔群为线索，还是可以努力向前进发的……

泰朵拉似乎注意到了什么，两手遮住了嘴。

"啊！想把作为群的构造的东西放进椭圆曲线中的，一定是研究椭圆曲线的人。这样一来，也许能以阿贝尔群的结构为线索来研究椭圆曲线……"

然后，米尔嘉打断了泰朵拉的话。

"泰朵拉，泰朵拉，你到底是何人？"

"神马？"

"你的理解速度把我吓了一跳。泰朵拉，过来一下。"

米尔嘉招手。

"什么事？"泰朵拉听话地凑到床边。

米尔嘉用右手臂趿溜一下缠紧了她，然后——

在泰朵拉脸颊上，亲了一口。

"呀啊！米米米米米尔嘉！$\lim_{x\to 0}\frac{1}{x}\sin\frac{1}{x}$！"

"我最喜欢聪明的孩子了。"米尔嘉调皮地吐了吐舌头。

6.3.4　辫群公理

谈话告一段落，泰朵拉又倒了杯茶。米尔嘉想把头发重新扎一下，却费了好半天劲，可能是因为左手臂疼吧。

"用我帮忙吗？"泰朵拉问道。

"唔……那，麻烦你了。"

"编辫子行吗？"

"随便。"

泰朵拉高兴地给米尔嘉编起了辫子，真难得看到米尔嘉梳辫子。

"数学领域里存在辫子吗？"泰朵拉问道。

"公理方面没有矛盾就存在。"米尔嘉马上答道。

"'辫群公理'是吧。"

到底是什么公理啊，我内心忍不住吐槽。

"无矛盾性是存在的基石。"米尔嘉说道。

"好，编完了。小时候我也留过长头发，早上总是妈妈给我编辫子，好怀念那个时候，妈妈在我身后编着辫子给我唱《Greensleeves》。"

"听上去简直就像女孩子的事儿。"我忍不住调侃道。

"人家本来就是女孩子！而且尤里也是女孩子啊，之前还……"泰朵拉反驳道。

"尤里?"为什么突然提到尤里?

"啊,没……我怎么就管不住这张嘴呢!唉……"

泰朵拉揪了一下自己的脸颊。

"难不成是'四亲等旁系血亲'的事儿?"我问道。

"诶?咦?学长?"

"尤里告诉我了。尤里就相当于我妹妹……"

"啊,是……是吗?这个……咦?这么说来,学姐也有兄弟姐妹吗?"

"有个哥哥。"米尔嘉看着自己的发梢。

"诶?!"我跟泰朵拉忍不住提高了嗓门。

米尔嘉有哥哥?我从没听说过。

"不过,哥哥他在我小学三年级的时候就……死了。"

一行清泪从米尔嘉脸上滑过。

她没有擦拭。

而是闭上了眼。

又一行清泪。

"米尔嘉……"泰朵拉立即拿出手帕给她擦眼泪。

"明天我就出院了,你们可以不用过来。"米尔嘉说道。

6.4 真实的样子

6.4.1 本质和抽象化

今天不去医院。

放学后,我跟泰朵拉待在图书室里,却没有要挑战的问题,话说回来也没有心情去计算,所以就一直在聊天。

"我说，学长……虽然米尔嘉讲了群的知识，不过数字这东西到底是什么呢？我一直认为有数字才能计算，但是思考过集合和公理，就能构成类似于计算的东西。集合中计算元素，复平面上计算点……这些我差不多都习惯了，那我就想了，真实的数字到底在哪里呢？数字实际是存在的吗？"

真实的数字。

数字的，真实的样子。

真实究竟是什么东西，你们知道吗？

"在医院听着米尔嘉的话，我也思考过了。数字是什么？数字的本质又是什么？"

"无矛盾性是存在的基石。"

米尔嘉也说了这种话。我却不明白她想说什么。

"太具体就会迷失本质。虽然英语中虚数叫作 imaginary number，但不仅限于虚数，所有数字可能都是我们想象出来的呢。"

"太具体就会迷失本质，是怎么回事？"

"米尔嘉说过的吧，除去同构群，本质上只存在一个'只有两个元的群'。那就是根据群的公理逻辑性地推导出的结论。我们必须忘记具体的数字，才能看到运算的本质。必须抛弃 0 和 1 这样具体的数字。"

"……"

"把 0 和 1 都统一看成单位元，这个想法很大胆吧。把 + 和 × 都看成运算也很了不起。从平日的陈腐概念中削去非本质的部分，本质的部分就会浮现在眼前了吧。"

"总觉得有点明白了。抽象化并证明之后，就能适用于更大的范围了吧。"

"如果不进行抽象化，我们是不能确定本质是否相同的。抽象——抽出指的是将本质以外的部分抽象，也就是丢掉。选择真正重要的，丢掉其他的。"

"选择真正重要的，丢掉其他的……"

6.4.2　摇摆不定的心

"学长……米尔嘉学姐发生事故那天，你从教室飞奔出去了，那时候……"泰朵拉说着，抱紧了自己的双肩。

"嗯，我一直跑到中央医院，我自己都不相信自己能跑这么远。腿相当疼啊。"

"……"

"话说米尔嘉真厉害，我以为她遇上事故以后肯定吓得够呛，没想到还能那么有精神地'讲课'……"

说着，我想起了米尔嘉流泪的样子。她原来有哥哥啊，还在她小学的时候去世了……不完整的家庭啊。

我看了看表。

"啊，瑞谷老师马上就该来宣布放学了。差不多该回去了吧？"

瑞谷老师是图书室的管理员。一到放学时间，她就会从管理员办公室走到图书室中央，宣布放学了。她总是带着一副深色眼镜，看不清她脸上什么表情，因为到了时间她就会自动过来，所以也有人开玩笑说她是机器人。

"学长，我们藏起来看看，是不是就算没有人瑞谷老师也会宣布放学？"

我们藏在文学全集的书架后面。瑞谷老师巡视的路线总是跟机器一样规律。这个位置应该是死角。我藏在书架后，泰朵拉蹲在我身后。

"总觉得像在玩捉迷藏呢。"

"嘘——"

身着紧身裙的瑞谷老师现身了，只见她径直走向了图书室的中央。

"放学时间到了。"

宣布完毕。然后她就走回管理员办公室，关上了门。一如往常。

喔，就算没有人她果然也会宣布放学啊。真怪。我正想转向泰朵拉时——

泰朵拉贴上了我的后背。

"泰朵拉?"

心跳急剧加快。

"学长……别转过来。"

我什么话都说不出。

"我知道,我都明白。米尔嘉很出色,我做不到那么出色。"

背后感觉着泰朵拉身体的柔软和重量,我的眼神在文学全集的书脊上游移。《阿 Q 正传》《伊豆的舞女》《杜子春》……

"所以,所以……请你不要回头。一小会,一小会就好,让我就这么待一会儿。对我来说,没办法跟……对于现在的我来说,没办法跟学长面对面。等学长你转过头,就会看到平时的我。所以就现在一小会儿,让我……"

泰朵拉的双手不停地颤抖着。

然后她……轻轻地把头靠在了我的背上。

"××……"

泰朵拉用微微颤抖的声音唤着我的名字。现在,世界上只有我一个人,能听见她的声音。

仅仅过了一瞬。

咚咚咚!

泰朵拉像击鼓般捶着我的后背。我差点没站稳脚一下子翻过去。

"开玩笑的,学长你吓到了吧?开个玩笑,玩笑!今天我先回去了!学长,明天见!"

泰朵拉用一副轻快的语调跟我道了别,站了起来。斐波那契数列的手势也马马虎虎做了一下,就像飞一样奔出了图书室。

泰朵拉到底还是这么开朗。

但是，我——

看到了，她好像在哭。

> 如果让我回望人生，
> 选出最具有创造性的时刻，
> 那就是在最严格的制约条件下
> 还不得不工作的时候。
>
> ——高德纳，*Things a Computer Scientist Rarely Talks About*

第7章

以发型为模

列车渐渐放慢了速度，

不久就望见站台上一排排温馨、整齐的灯光，

灯光不断扩大、伸展。

两人面对的车窗刚好对准天鹅车站的大时钟时，列车停下了。

——宫泽贤治《银河铁道之夜》

7.1 时钟

7.1.1 余数的定义

"哥哥，这个怎么样？"尤里问我。

"什么？"

"诶？没发现吗？你看你看！"

尤里说着转过头，马尾辫上苔绿色的新丝带轻轻摇曳着。

"丝带真漂亮啊。"

"喊喊喊……哥哥，你这样可是会不受女孩子欢迎的哦。"

"你这是什么意思啊？"

"不应该说'丝带真漂亮啊'，应该说'很配你哦'才对嘛。"

"诶……"

"你真是不明白女孩子的心思喵！"尤里又开始用猫语说话了。

"是是……很配你哦。"

"喂！别机械地重复啊！"

"哈哈哈……"

"热身完毕，今天要讲什么？"尤里问道。

"尤里，你知道**余数的定义**吗？"

"除完剩下的数字对吧。"

"这……你忘了怎么描述定义了吗？'余数指的是……'"

"啊！想起来了。'余数指的是除完剩下的数字'对吧。"

"我知道你想说什么，但是这不算定义，用什么除什么？剩下的数字指的是什么？必须说明白。"

"嗯……人家没这么想过，弄不明白啊。"

"那我们一起来想。"我打开笔记本。

"好啊。"尤里戴上眼镜，凑到我身边。

开始学习——

"为了准确地定义余数，我们采用数学公式。"

$$a = bq + r \quad (0 \leqslant r < b)$$

"a除以b剩下的数字指的就是这个等式中的r。我们这么来定义这些字母：a和b是自然数，q和r是自然数或者0。"

"咦？我说哥哥，我感觉这个等式没有定义余数啊，而且根本没出现除法运算！"

"定义余数也是定义除法运算，所以在定义余数的时候没出现除法运算是正常的。这个式子用乘法定义了余数。首先你先好好读读$a = bq + r$这个等式。读数学公式不能着急，得边读边一个个去确认a, b, q, r这些"

字母的意思。"

"人家知道啦，老师。嗯……自然数指的就是 1, 2, 3 这样的吧……在等式 $a = bq + r$ 里出现了 a, b, q, r 这四个字母。a 是被除数，b 是除数，r 是余数……但是 q 是什么？"

"你认为是什么？"

"b 和 q 相乘，再加上 r 就等于 a……难不成 q 是除法运算的答案？"

"没错。q 是 a 除以 b 的**商**。"

"那我就明白这个等式的意思了。$a = bq + r$ 就表示用 a 除以 b，商为 q 余数为 r 对吧。但是这个等式里，

$$a = bq + r \quad (0 \leqslant r < b)$$

右边写的条件 $(0 \leqslant r < b)$ 又是为什么呢？"

"你终于发现了啊。你真是不会放过任何一个条件呢。好好想想看，为什么会存在这个条件？如果有很在意的地方，就一个一个仔细想，这对学习数学非常重要哦。"

"哥哥演起老师还真是有模有样的。——嗯，因为 r 是余数，所以 $0 \leqslant r$，总之余数要大于等于 0 对吧。余数是 0 就整除了。但是为什么 $r < b$ 我就不明白了……"

尤里推了一下她的树脂框眼镜，双手抱在胸前。

"这个，$r < b$ 嘛……r 是余数，b 是除数……啊！这不是明摆着嘛！$r < b$ 就意味着'余数'比'除数'小。比如 7 除以 3，余数为 1 是吧，$7 \div 3 = 2 \cdots 1$。用 3 除，余数肯定不会超过 3，如果用 3 除余 4，就会出现'余数多了'的问题……"

"对对，就是这么回事。尤里真棒，能用具体数字举例。条件 $0 \leqslant r < b$ 表示余数肯定大于等于 0，且余数小于除数。看吧，只要这样仔细读，这个定义余数的等式 $a = bq + r\,(0 \leqslant r < b)$ 不也进到脑子里了吗？数学

这东西，就算你非常神速地把它全背下来也没用。要慢慢地读，反复地写数学公式，有疑问要仔细思考，举出具体例子验证。这么玩很重要。玩着玩着就学会了。要想准确定义余数，就必须证明存在唯一满足这个式子的 q 跟 r。现在我们先省去这个步骤。"

余数的定义（自然数）

我们用以下等式定义 a 除以 b 的商 q 和余数 r。

$$a = bq + r \quad (0 \leqslant r < b)$$

在此，a, b 为自然数，q, r 为自然数或 0。

"那么，来把你的例子套到等式里看看。用 7 除以 3，商为 2 余数为 1。也就是说，$a = 7, b = 3, q = 2, r = 1$。"

$$7 = 3 \times 2 + 1 \quad (0 \leqslant 1 < 3)$$

"嗯，明白……不过这有意思吗？"

"尤里，之前我跟你举过'使用数学公式表达'的例子。算术和数学最大的不同在于，会不会出现带有字母的数学公式，对吧？你已经理解了'余数'是什么，但是要表达它，则需要数学公式。然后，在数学公式中，我们必须紧紧咬住每一个字母的含义。这就是我之前想说的。"

"喔……我明白了，哥哥。"

"不过话说回来，你还是没放过任何一个条件呢，了不起！"

"讨厌！人家会不好意思的！"

7.1.2　时针指示之物

我指了指墙上的时钟。

"如果时钟时针指向 3，那么可能出现两种情况——凌晨 3 点，或者

15 点，也就是下午 3 点。我们不知道是哪种情况。时针指向的是'用现在的时刻除以 12 的余数'。因为 $15 \div 12 = 1 \cdots 3$，余数是 3，所以在 15 点时时针会指向 3 这个数字。"

"喔……听哥哥你这么一说，确实是这样呢。要是 23 点的话，就用 23 除以 12，余数是 11，然后时针会指向 11……没错。"

"所以，时钟正在进行求余数的计算哦。"

"不是吧！哥哥你搞错了吧！"

"嗯？"

"因为你看嘛，想想余数为 0 的时候啊，12 点的时候，时针不指向 0 而指向 12，难道说余数得 12？太奇怪了吧。"

"啊，说的也是，但是 12 跟 0 是一样的啊……"

"12 跟 0 才不一样呢！哥哥你忘了余数的定义了吗？

$$a = bq + r \quad (0 \leqslant r < b)$$

用 12 除的时候，余数 r 有 $0 \leqslant r < 12$ 这个条件吧？12 没有余数哦！喵哈哈~"

"呃……"

尤里这家伙，跟立了什么大功一样……

7.2 同余

7.2.1 余项

"……就这样，我被表妹辩倒了。"我说。

"尤里对条件看得真紧啊……"泰朵拉说道。

"我看你被辩倒了很开心嘛。"米尔嘉说道。

这里是我的教室。

米尔嘉出了院，从今天起回来上课了。不过是挂着拐杖来的。因为行动不便，放学后我们就没到图书室去，直接在教室讨论起来了。

米尔嘉的眼镜焕然一新，镜框的弯曲度略与之前不同。左臂和右脚还缠着绷带，显得很可怜。

学妹泰朵拉也加入了我们的谈话。因为前些日子捉迷藏的事，我不由得很在意她，可她却一如往常。

女孩子的心，还真是难以捉摸啊——咦？

"我说泰朵拉，你换了发型？"

清爽了许多，给人感觉不再乱七八糟慌慌张张了，反而利落了许多。

"诶？啊，你发现了？没做什么大的修整，只把长长的部分稍微修剪了一下……剪太短了吗？"

泰朵拉用手指拽着刘海，眼睛往上看着。

"短了不少……不过很配你哦。"

"诶？是是是是吗？很……很高兴你能这么说……"

只见泰朵拉两手握拳在脑袋上转来转去，不知道是什么手势。

"然后呢？听见'12 和 0 是不一样的'你就跟霜打的茄子似的撤了？"米尔嘉问道。

"此话怎讲？"

"时钟的世界，是由 mod 来运营的。"

"mod？"

"求**余项**——也就是余数的运算，叫作 **mod**。打个比方，7 除以 3 余数得 1 就可以写成下面这样。

$$7 \bmod 3 = 1$$

无视商，只关注余数。我们按顺序来讲。"

米尔嘉说着，向我打了个手势。

让我交出笔记本和自动铅笔是吧，遵命，遵命。

◎　　◎　　◎

我们按顺序来讲。

你用了自然数的范围来定义余项。自然数 a 除以 b 得到的商设为 q，余项设为 r，则 a, b, q, r 关系如下所示，这是对的。

$$a = bq + r \quad (0 \leqslant r < b)$$

在此，将 a 和 b 的范围从自然数扩大到整数，但因为除数不能为 0，所以 $b \neq 0$。

将整数 a 除以整数 $b(b \neq 0)$ 得到的商设为 q，余项设为 r，用以下等式定义商和余项。因为 b 也有可能为负数，所以我们在附加条件的不等式中用绝对值 $|b|$ 代替 b。

$$a = bq + r \quad (0 \leqslant r < |b|)$$

给出 a, b 的话，q, r 就具有唯一性了。这样就可以定义 mod 了。

---

mod 的定义（整数）

假设 a, b, q, r 是整数，$b \neq 0$。

$$a \bmod b = r \iff a = bq + r \quad (0 \leqslant r < |b|)$$

这没什么难的。和 $+, -, \times, \div$ 一样，mod 就是一个运算。打比方说，用 7 除以 -3，商为 -2，余数为 1。

$$7 \bmod (-3) = 1 \iff 7 = (-3) \times (-2) + 1 \quad (0 \leqslant 1 < |-3|)$$

因为存在制约条件 $0 \leqslant r < |-3|$，所以 $7 \bmod (-3)$ 的值只能为 1。

采用刚刚我们定义的运算 mod，假设从凌晨 0 点开始过了 h 个小时，那么时针就会指向 $h \bmod 12$。当然，为了让你表妹没法吐槽，我把 12 的刻度事先换成了 0。

h 也可以是负数。从凌晨 0 点过了 -1 个小时（也就是提前了一小时）时，时针指向 11，然后 $(-1) \bmod 12$ 也确实为 11。

$$-1 = 12 \times (-1) + 11 \quad (0 \leqslant 11 < |12|)$$

那么，我给泰朵拉出道简单的题，对于整数 a 和 b，存在

$$a \bmod b = 0$$

请用一句话说明 a 和 b 的关系。

◎　　◎　　◎

"嗯……"泰朵拉思考着米尔嘉的问题，"整数 a 和 b 的关系吗，$a \bmod b$ 指的是 a 除以 b 的余数对吧，所以 $a \bmod b = 0$ 指的是……'a 除以 b 余数为 0' 吧！"

"没什么错，不过泰朵拉，这可以直接用一句话归纳。"

"诶？用一句话？嗯，那个……"

"'a 是 b 的倍数'，或者说 'b 是 a 的约数' 也行。"米尔嘉说道。

"还可以说成 'a 能整除 b'。"我说。

"啊，是这样啊！"泰朵拉用力点了点头。

"mod 是只求余数的运算对吧。"我说，"求商和余数我还能明白，只求余数有什么意义吗？"

"喔……你不是喜欢 '调查奇偶性' 吗？"米尔嘉反问我。

"调查奇偶性是种理论啊⋯⋯啊，对了！"

"没错。'调查奇偶性'就是'调查除以 2 的余数'。"

嗯，确实如此。调查奇偶性的时候除以 2，无视商，只关注余数。原来如此。

"我想问问在 mod 的定义中出现的 $a = bq + r$ 这个式子。"泰朵拉说道，"r 是英语的 remainder'余数'的首字母对吧，但是 q 是什么单词的首字母呢？'除'是 divide，'比率'是 ratio，'分数'的话是 fraction⋯⋯"

"quotient。"米尔嘉立即答道，"是'商'。mod 是 modulo。"

7.2.2 同余

"那么，我们来谈谈**同余**。"米尔嘉说道，"同余指的是，把余数相等的数**同等看待**。"

"同等看待？"泰朵拉一脸不解。

"就是把不同的东西看成一样的东西的意思哦，泰朵拉。"我补充道。

"时钟的例子很简单。"米尔嘉继续讲道，"3 点和 15 点是不同的时刻，但是在这两个时刻，时针都指向 3。因此，我们把 3 和 15 同等看待。也就是说，把除以 12 得到的余项中，相等的余项同等看待。如下面的数学公式所示。"

$$3 \equiv 15 \pmod{12}$$

"要注意这里的符号不是 =，而是 ≡。这个式子叫作**同余式**。此外，我们把这时的 12 称为模。$3 \equiv 15 \pmod{12}$ 这个同余式读作

'3 和 15 对模 12 **同余**。'

试着以 12 为模，举出几个同余式的例子。总之就用 ≡ 连接那些用模除后

余数相等的数。"

$$3 \equiv 15 \quad (\mathrm{mod}\ 12)$$
$$15 \equiv 3 \quad (\mathrm{mod}\ 12)$$
$$12 \equiv 0 \quad (\mathrm{mod}\ 12)$$
$$12\,000 \equiv 0 \quad (\mathrm{mod}\ 12)$$
$$36 \equiv 12 \quad (\mathrm{mod}\ 12)$$
$$14 \equiv 2 \quad (\mathrm{mod}\ 12)$$
$$11 \equiv (-1) \quad (\mathrm{mod}\ 12)$$
$$7 \equiv (-5) \quad (\mathrm{mod}\ 12)$$
$$1 \equiv 1 \quad (\mathrm{mod}\ 12)$$

"因为 ≡ 两边的余项相等，所以一般可以像下面这样表示。

$$a \equiv b \pmod{m} \iff a \bmod m = b \bmod m$$

也可以把这个想成是 ≡ 的定义。"

"米尔嘉，我想问一下。"泰朵拉举起手。

"什么？"

"我感觉越来越不明白 mod 这个运算的含义了。刚开始我是将 $a \bmod b$ 理解为 'a 除以 b 的余数'，但是涉及 '以 m 为模同余' 时，出现了 $(\mathrm{mod}\ m)$，mod 左边被除数的位置上什么都没有写……"

"这样啊，不习惯的话确实容易搞混。"米尔嘉说道，"泰朵拉，你明白这个式子的意思吧？"

$$a \bmod m = b \bmod m$$

"嗯，我明白，余数相等。等式的意思是 'a 除以 m 的余数' 和 'b 除以 m 的余数' 相等。"

"那就行了。这个式子中，两边的除数都是 m。现在为了把式子简化，

我们把两边都有的 $\bmod m$ 统一写到右边，但在这里 a 和 b 并不相等，只是除以 m 的余数相等。所以我们不采用 $a = b \,(\bmod\, m)$ 这样的等号 $=$，在此我们用一个跟等号很像的符号 $\equiv$ 来代替它。"

$$a \equiv b \quad (\bmod\, m)$$

"原来如此，我明白了。$a \bmod m$ 是计算余数的式子。$a \equiv b \,(\bmod\, m)$ 是表示余数相等的式子……是这样吧？"

"是这样。"

米尔嘉竖起食指转了一圈，继续往下讲。

"那么，a 除以 m 的余数等于 b 除以 m 的余数可以直接写成

$$a \bmod m = b \bmod m$$

也可以写成下面这种形式。

$$(a - b) \bmod m = 0$$

换句话说，就是'以 m 为模的同余数字的差，是 m 的倍数'。"

"诶？诶？啊，确实是这么回事。这个我明白。一计算 $a - b$，两边的余数就会消失了呢。"泰朵拉了然地点头。

"对，举个例子，15 和 3 的情况下，

$$\begin{aligned}(15 - 3) \bmod 12 &= 12 \bmod 12 \\ &= 0\end{aligned}$$

就像这样，15 和 3 的差确实是 12 的倍数。"

mod 的另一种说法

假设 a, b, m 为整数，$m \neq 0$。

$$a \equiv b \pmod{m} \qquad \text{以 } m \text{ 为模同余}$$

$$\Updownarrow$$

$$a \bmod m = b \bmod m \qquad \text{除以 } m \text{ 余数相等}$$

$$\Updownarrow$$

$$(a - b) \bmod m = 0 \qquad \text{差是 } m \text{ 的倍数}$$

7.2.3　同余的含义

"话说，为什么要把余数相等的两个数字称为同余呢？我倒是知道三角形的全等 ①……"

米尔嘉听了这个问题，微微歪着头，回以微笑。

"你一直都很在意用词呢……确实，几何里也有这个词。'两个三角形全等'指的是无视位置和方向，把两个三角形同等看待。把两个全等的三角形的位置和方向翻过来掉过去，能恰好重合，对吧？"

我和泰朵拉默默地点了点头。米尔嘉继续往下讲。

"无视差异是很重要的。整数的同余跟几何的全等很像。以 m 为模，无视 m 倍数上的差异，把两个数字同等看待。如果把同余的两个数字加减 m 的倍数，就能恰好相等。"

7.2.4　不拘小节地同等看待

"我觉得很不可思议。"泰朵拉说，"数学是一门严谨的学问对吧。数学重视日常生活中那些想不到的、微小的差异，然而偶尔也能非常不拘

---

① 日文中整数的"同余"和几何的"全等"是一个词，皆为"合同"。——译者注

小节地将两个东西同等看待吗？'复平面'中，将点和数字同等看待，在医院讲过的'群'则是在集合的元素中定义运算，和数字同等看待。还有整数的'同余'，也是无视倍数的差异同等看待。本来同余这个用语也是将几何和整数做了同等看待……"

"一出现同等看待，感觉就变得有意思了。"我点头道，"应该说感觉好像'发现'了未知的事物，'这个和那个很像！不，几乎一样！'——这种感觉是喜悦吗？还是看穿结构的快乐呢？结构的同等看待……"

"我们在医院讨论过'群同构'。"米尔嘉也开口了，"同构这个概念是想从数学层面表达'结构的同等看待'。创造同构的映射称为同构映射，同构映射是含义的源泉，也是连接两个世界的桥梁。"

7.2.5 等式和同余式

"这个嘛，就先不往哲学方面谈了。"米尔嘉继续先前的话题，"本来 $=$ 这个符号就很像 $\equiv$。因为等式和同余式非常相似，所以数学家们才选了这个跟等号非常相似的符号表示同余。事实上，等式和同余式极为相似，但是除法除外。"

等式的情况——

当 $a = b$ 时，以下关系式成立。

$$a + C = b + C \qquad \text{两边同时加上同一个数，结果相等}$$
$$a - C = b - C \qquad \text{两边同时减去同一个数，结果相等}$$
$$a \times C = b \times C \qquad \text{两边同时乘以同一个数，结果相等}$$

同余式的情况——

当 $a \equiv b \pmod{m}$ 时，以下关系式成立。

$$a + C \equiv b + C \pmod{m} \qquad \text{两边同时加上同一个数，结果同余}$$

$$a - C \equiv b - C \quad (\bmod m) \qquad 两边同时减去同一个数，结果同余$$

$$a \times C \equiv b \times C \quad (\bmod m) \qquad 两边同时乘以同一个数，结果同余$$

7.2.6   两边同时做除法运算的条件

"除法就是去除。"米尔嘉说。确实，加减乘除四则运算中，关于加法、减法以及乘法，等式和同余式都一模一样。于是问题自然就来了……正当我想到这里的时候，泰朵拉举起了手。

"米尔嘉，同余式不可以在两边同时除以同一个数吗？"

对，就是这个！泰朵拉虽然经常会落下条件，不过还是非常聪明的，她一直跟着米尔嘉的思路，也始终执着地带着问题听讲。同余式中该怎么进行除法运算呢……

"跟等式不一样。现在让他来举具体例子。"米尔嘉指着我。

把包袱丢给我吗？！好吧，也行……

"这个，嗯……比如说，将 12 作为模，则 3 和 15 同余。

$$3 \equiv 15 \quad (\bmod 12)$$

但是，在两边同时除以 3，同余式就不成立了。因为在两边同时除以 3，左边是 1，右边是 5。以 12 为模的话 1 跟 5 是不同余的。"我说。

$$(3 \div 3) \not\equiv (15 \div 3) \quad (\bmod 12)$$

"诶？是吗……"泰朵拉说道，"以 12 为模，1 跟 5 不同余……啊，对啊。因为时钟的时针在 1 点和 5 点分别指向不同的位置。明明在 3 点和 15 点是指向一个位置的……总觉得有些可惜呢。"

$$3 \equiv 15 \quad (\bmod 12) \qquad\qquad 3 \text{ 和 } 15 \text{ 同余}$$

$$(3 \div 3) \not\equiv (15 \div 3) \quad (\bmod 12) \qquad 两边同时除以 3，同余不成立$$

"刚刚他举了一个不能除的例子。"米尔嘉说道,"但是也有两边可以除以同一个数的情况,比如说 15 和 75 这个例子,这两个数以 12 为模是同余的。"

$$15 \equiv 75 \pmod{12}$$

"75 点是几点啊?"泰朵拉说道,"$75 \div 12$……这个,商 6 余 3 对吧。因为 $15 \div 12$ 商 1 余 3,所以 15 和 75 确实是同余的。"

"这时就算在两边同时除以 5,同余式也成立。"米尔嘉说道。

$$(15 \div 5) \equiv (75 \div 5) \pmod{12}$$

"嗯。$15 \div 5 = 3$,$75 \div 5 = 15$,3 跟 15 同余。咦?不过像这样在两边同时除以 3,同余式就不成立了呢……"

$$(15 \div 3) \not\equiv (75 \div 3) \pmod{12}$$

因为 $15 \div 3 = 5$,$75 \div 3 = 25$。5 点和 25 点……也就是说,时针指向的是 5 点和凌晨 1 点。

我恍然大悟。原来在同余式两边同时除以某个数,同余式有可能成立,也有可能不成立啊。

$15 \equiv 75 \pmod{12}$	15 和 75 同余
$(15 \div 5) \equiv (75 \div 5) \pmod{12}$	两边同时除以 5,仍然同余
$(15 \div 3) \not\equiv (75 \div 3) \pmod{12}$	两边同时除以 3,同余不成立

这样一来,下一个问题是……

就如回应我一般,米尔嘉说道:

"这样下一个问题自然就来了。"

问题 7-1 （同余式和除法运算）

　　假设 a, b, C, m 为整数，$m \neq 0$。

　　当 C 具有何种性质时，以下关系成立？

$$a \times C \equiv b \times C \pmod{m}$$
$$\Downarrow 则$$
$$a \equiv b \pmod{m}$$

"这个条件就是说，两边可以同时除以 C 对吧。"

"对。"米尔嘉简短地回答道。

我跟泰朵拉都迅速闭上嘴，开始进入思考模式。

我从 mod 的定义出发，开始变形数学公式，往泰朵拉那里瞟了一眼，发现她也开始在笔记本上写写画画了……但不久，她就一脸抱歉地对我说：

"对不起，学长……还有米尔嘉学姐。很抱歉打扰你们了，不过能给我点提示吗？就算想琢磨也完全没有头绪啊……"

"思考问题的第一步是？"米尔嘉问道。

"举例子。'示例是理解的试金石'。"泰朵拉答道，"我又确认了一遍刚才 $3 \equiv 15$ 和 $15 \equiv 75$ 的例子。"

"泰朵拉你想从除法运算的角度想吧？"

"诶？啊，是，没错。从可以进行除法运算的条件……"

"泰朵拉你啊……别从除法运算想，先观察乘法运算。观察乘法运算不是没用的，它能帮你更好地理解除法运算。现在我们给集合 $\{0, 1, 2, \cdots, 11\}$ 起个名字，叫作 $\mathbb{Z}/12\mathbb{Z}$。"

$$\mathbb{Z}/12\mathbb{Z} = \{0, 1, 2, \cdots, 11\}$$

然后在集合 $\mathbb{Z}/12\mathbb{Z}$ 里定义运算 ⊠，我们把运算 ⊠ 定义为'两个数相乘除以 12 求余数'。当然集合 $\mathbb{Z}/12\mathbb{Z}$ 关于运算 ⊠ 封闭。因为除数是 12，所以余数 r 在 $0 \leqslant r < 12$ 这个范围内。"

$$a \boxtimes b = (a \times b) \bmod 12 \qquad （运算 ⊠ 的定义）$$

"泰朵拉，我在医院说群的时候写了一个 ★ 的运算表，现在你来写 ⊠ 的运算表，然后我们针对你写的运算表来讨论。"

"好，好的。请问，这个方框里面带个 × 的符号是……"

"别管它是 ★ 还是 ○，是什么都行。我只是试着选了一个跟乘法运算很像的符号。你算算这两个例子。"米尔嘉举了两个例子。

$$
\begin{aligned}
2 \boxtimes 3 &= (2 \times 3) \bmod 12 & &根据 ⊠ 的定义 \\
&= 6 \bmod 12 & &计算 2 \times 3 \\
&= 6 & &6 除以 12 余数得 6
\end{aligned}
$$

$$
\begin{aligned}
6 \boxtimes 8 &= (6 \times 8) \bmod 12 & &根据 ⊠ 的定义 \\
&= 48 \bmod 12 & &计算 6 \times 8 \\
&= 0 & &48 除以 12 余数得 0
\end{aligned}
$$

"我懂了，那我来写运算表。"

老实的泰朵拉开始在自己的笔记本上画起运算表。首先在 0 的行和列上写上一大串 0，然后在 1 的行和列上写上 $1, 2, 3, 4, \cdots, 11$。然后开始努力填满表格。

⊠	0	1	2	3	4	5	6	7	8	9	10	11
0	0	0	0	0	0	0	0	0	0	0	0	0
1	0	1	2	3	4	5	6	7	8	9	10	11
2	0	2	4	6	8	10	0	2	4	6	8	10
3	0	3	6	9	0	3	6	9	0	3	6	9
4	0	4	8	0	4	8	0	4	8	0	4	8
5	0	5	10	3	8	1	6	11	4	9	2	7
6	0	6	0	6								
7	0	7										
8	0	8										
9	0	9										
10	0	10										
11	0	11										

填到 6 这一行的一半时，泰朵拉突然抬起头。

"啊，糟了！糟了糟了，我忘了今天得提早回家！抱歉，学长，米尔嘉学姐。今天我先失陪了，我们改天再一起研究数学吧！"

泰朵拉抓起笔记本——上面是写了一半的运算表，离开了教室。

7.2.7 拐杖

教室里剩下我和米尔嘉。

少了活力四射的泰朵拉，教室一下子安静了许多。

我看着米尔嘉脚上的绷带，她是不是还在疼呢？

"米尔嘉，挂拐很费劲吧？"

"也不是我愿意的。"

米尔嘉平时总是挺直腰板，雷厉风行地走路，挂拐对她来说应该很憋屈吧。

"不过，你就快能扔掉拐杖了吧。"

"我已经能撇掉拐杖走了，今天我只是想确认一下能不能行。"

确认？算了，不管怎么说，没出什么大事真是太好了。

"今天你这就回去了吗？"我问她。

"唔……也是啊。回去之前我想先去趟厕所。"

米尔嘉突然对我伸出手。

"诶？"

"拐杖太麻烦了。"

啊……原来是让我借她肩膀。

我左手拿着拐杖，右手臂绕过米尔嘉的后背撑着她，就像怀抱一般。嗯……好难掌握平衡啊，而且碰女孩子这件事本身就让我紧张得不行。

她左手臂绕过我的脖子，绷带粗糙的触感和药品的气味。我们一起站起来，走出教室，步入走廊。然后……

"左边。"米尔嘉说道。

这边吗？不过，能不能不要在我耳边小声说话啊。

我们调整着步伐，注意着脚下。

"我走太快了？"

"没关系。"

米尔嘉的重量应该都压在我身上，我却几乎感觉不到她的重量。能感觉到的，只有柔软又丰满的……心跳不停，脸如火烧，柑橘系的香味把我的心搅得一团乱。

走廊里没有人，茜红色的夕阳从窗口斜斜地洒进来。

"到这里就行。"我们到了厕所跟前。

"那我在这儿等你。"我把拐杖递给她。

"两人三足，果然有意思啊。"

米尔嘉丢下这句话就进了厕所。

呼……

我靠在走廊的墙壁上，大大地出了一口气。

透过窗户，可以看到美丽的晚霞散布在天际。

回去路上也要一直借她肩膀吗。女孩子，怎么说呢，真是非常的……我啊，难不成净是被米尔嘉牵着鼻子走吗？算了，无所谓了。

"两人三足，果然有意思啊。"

果然？

7.3　除法的本质

7.3.1　喝着可可

夜晚，我的房间。

"学这么晚辛苦了。"我妈放下了一杯可可。

已经这么晚了吗……我看着马克杯，恍惚地想着。说过了喝咖啡就行，她却总拿来可可，能不能别总是把我当小孩子看啊。

我爸和我妈结婚后有了我，一家人。米尔嘉也有家人，泰朵拉也有家人。我们才十来岁，但我们也背负着许多东西，某些我们要背负的东西。米尔嘉也是。

"不过，哥哥他在我小学三年级的时候就……死了。"

泰朵拉也是。

"所以，所以……请你不要回头。"

——我后背上能感觉到泰朵拉的双手在不停颤抖。我的心也忐忑不定。唉。

我翻开笔记本。

数学……

数学的存在很有分量——我一直这么想。或许完成后的数学确实是这样，但完成之前的数学肯定有所不同。

写数学公式，就会留下数学公式。半途而废，就只会留下写到一半的数学公式。这是理所当然的。

然而，教科书上没有写到一半的数学公式。在建筑工地上已经搭好了脚手架。所以一说到数学，我们脑海中总会浮现出整然有序的、已经完成的画面。但实际上，那些创造出最尖端数学的地方，不都是跟施工现场一样乱七八糟的吗？

毕竟发现数学、创造数学的是人类，怀着残缺、震颤、忐忑之心的人类。是憧憬美丽的结构，倾慕永恒，想方设法捕捉无限的人类，培育出了今日的数学。

不是纯粹地获取，而是由自己创造出来的；从搜集不起眼的水晶碎片开始，直至建成宏伟的佛寺；在一无所有的空间里放入公理，由公理推导定理，由定理再导出其他定理；由一颗小小的种子开始，构建整个宇宙。——这就是数学。

米尔嘉优雅的解答，泰朵拉付出的努力，尤里对于条件的关注……我能改变对数学的固有印象，也是受了她们的巨大影响啊。

我喝着热乎乎的可可，漫无边际地想着。

7.3.2 运算表的研究

那么，该研究数学了。

泰朵拉把 ⊠ 的运算表写到一半，那我也来写写看吧。

$$a \boxtimes b = (a \times b) \bmod 12$$

只是做个乘法运算，写出除以 12 的余数而已，费不了什么工夫。

⊠	0	1	2	3	4	5	6	7	8	9	10	11
0	0	0	0	0	0	0	0	0	0	0	0	0
1	0	1	2	3	4	5	6	7	8	9	10	11
2	0	2	4	6	8	10	0	2	4	6	8	10
3	0	3	6	9	0	3	6	9	0	3	6	9
4	0	4	8	0	4	8	0	4	8	0	4	8
5	0	5	10	3	8	1	6	11	4	9	2	7
6	0	6	0	6	0	6	0	6	0	6	0	6
7	0	7	2	9	4	11	6	1	8	3	10	5
8	0	8	4	0	4	8	0	8	4	0	8	4
9	0	9	6	3	0	9	6	3	0	9	6	3
10	0	10	8	6	4	2	0	10	8	6	4	2
11	0	11	10	9	8	7	6	5	4	3	2	1

不过，米尔嘉为什么让泰朵拉写这个运算表呢？一切得从在同余式的两边同时除以 C 这里说起。

问题 7-1 （同余式和除法运算）

假设 a, b, C, m 为整数，$m \neq 0$。

当 C 具有何种性质时，以下关系成立？

$$a \times C \equiv b \times C \pmod{m}$$
$$\Downarrow 则$$
$$a \equiv b \pmod{m}$$

米尔嘉说了。

"观察乘法运算不是没用的，它能帮你更好地理解除法运算。"

好，那我就举 $m = 12$ 这个例子，来好好观察一下这个运算表。

一行一行地读。

因为 0 乘以什么数字都得 0，所以 0 这行全部是 0。

1 这行是 $0, 1, 2, \cdots, 11$，数字依次排列。这也是理所当然的。

2 这行是 $0, 2, 4, 6, 8$，直到 10 数字是递增的，但是当 $a \times b$ 等于 12 的时候又归零了。因为这是以 12 为模的运算——也就是说取除以 12 的余数，所以也是很自然的。

3 这行也一样。$0, 3, 6$，直到 9，当 $a \times b$ 等于 12 的时候又归零。

嗯……同余式

$$a \times C \equiv b \times C \pmod{12}$$

用运算 ⊠ 可以写成下面这样。

$$a \boxtimes C = b \boxtimes C$$

因为 ⊠ 里已经包含了 mod 的计算，所以不写 ≡，写成 = 就可以。

嗯……那么接下来就要思考 ⊠ 的逆运算了吗。

……

不，不对，搞错了。

与其综合考虑在集合 $\mathbb{Z}/12\mathbb{Z} = \{0, 1, 2, \cdots, 11\}$ 中 ⊠ 的逆运算，不是应该先考虑 C 的**逆元**吗？假设 C 的逆元为 C'，C' 就满足

$$C \boxtimes C' = 1$$

如果集合 $\mathbb{Z}/12\mathbb{Z}$ 内存在这样的数字 C'，就应该能进行"除法运算"。因为在

$$a \boxtimes C = b \boxtimes C$$

的两边同时乘以 C'，就存在以下等式。

$$(a \boxtimes C) \boxtimes C' = (b \boxtimes C) \boxtimes C'$$

因为 $\mathbb{Z}/12\mathbb{Z}$ 关于 $\boxtimes$ 满足结合律，所以上面的式子可以写成下面这样。

$$a \boxtimes (C \boxtimes C') = b \boxtimes (C \boxtimes C')$$

因为 $C \boxtimes C' = 1$，所以

$$a \boxtimes 1 = b \boxtimes 1$$

运用运算 $\boxtimes$ 的定义，可以写成以下这样。

$$(a \times 1) \bmod 12 = (b \times 1) \bmod 12$$

即

$$a \bmod 12 = b \bmod 12$$

由此，以下式子成立。

$$a \equiv b \quad (\bmod 12)$$

也就是说，**如果对于 C 存在逆元 C'，那么就可以在同余式的两边同时除以 C** 不是吗?

嗯嗯，总而言之，除以 C 和乘以它的倒数 $\frac{1}{C}$ 是一回事。这样就不是普通的除法运算，而是考虑到 mod 的除法运算了。从这个角度来说，把 C 的逆元写成 C'，可能不如象征性地写成 $\frac{1}{C}$ 或者 C^{-1} 比较好。

来找 C 的逆元存在的条件吧。从 $\mathbb{Z}/12\mathbb{Z}$ 里找出满足 $C \boxtimes C' = 1$ 的数字就行。怎么找好呢……啊，这样啊! 很简单，用运算表就行了! 只要找出表中含有 1 的行就可以。哈哈，所以米尔嘉才让泰朵拉写运算表的啊……

那么，我们把运算表中 1 的地方画上圆圈。

⊠	0	1	2	3	4	5	6	7	8	9	10	11
0	0	0	0	0	0	0	0	0	0	0	0	0
→1	0	①	2	3	4	5	6	7	8	9	10	11
2	0	2	4	6	8	10	0	2	4	6	8	10
3	0	3	6	9	0	3	6	9	0	3	6	9
4	0	4	8	0	4	8	0	4	8	0	4	8
→5	0	5	10	3	8	①	6	11	4	9	2	7
6	0	6	0	6	0	6	0	6	0	6	0	6
→7	0	7	2	9	4	11	6	①	8	3	10	5
8	0	8	4	0	8	4	0	8	4	0	8	4
9	0	9	6	3	0	9	6	3	0	9	6	3
10	0	10	8	6	4	2	0	10	8	6	4	2
→11	0	11	10	9	8	7	6	5	4	3	2	①

咦？没想到这么少。存在逆元的只有 $1, 5, 7, 11$ 这四个吗……嗯？

$1, 5, 7, 11$？

$1, 5, 7, 11$ 不是之前在时钟巡回里常见的"与 12 互质的数字"吗？！

也就是说，和 12 互质的数字关于 ⊠ 存在逆元。换句话说，只要是跟模互质的数字，就可以进行除法运算……就是这么回事吧？

说起来，米尔嘉在学校出的例子真有意思啊！——15 和 75 以 12 为模同余。

$$15 \equiv 75 \quad (\mathrm{mod}\ 12) \qquad 15\,和\,75\,同余$$

$$(15 \div 5) \equiv (75 \div 5) \quad (\mathrm{mod}\ 12) \qquad 两边同时除以\,5，仍然同余$$

$$(15 \div 3) \neq (75 \div 3) \quad (\mathrm{mod}\ 12) \qquad 两边同时除以\,3，同余不成立$$

不出所料。除以跟 12 互质的 5，结果仍然同余。然而除以跟 12 不互质的 3，同余就不成立了。

7.3.3 证明

我试着写下刚刚根据运算表得到的猜想。

> **猜想：** 同余式中，用与模互质的数字可以进行除法运算。也就是说，当以下式子成立时，
>
> $$a \times C \equiv b \times C \pmod{m}$$
>
> 若 C 与 m 互质（即 $C \perp m$），则以下式子成立。
>
> $$a \equiv b \pmod{m}$$

好的，试着证明这个猜想吧。因为可以写出 $\mathbb{Z}/12\mathbb{Z}$ 的具体运算表，所以可以检验。但通常情况下，$\mathbb{Z}/m\mathbb{Z}$ 包含 m 个元素，写不出具体的运算表，所以必须严谨地证明。

从这里出发。

$$a \times C \equiv b \times C \pmod{m}$$

这个式子可以变形成以下这种形式。

$$a \times C - b \times C \equiv 0 \pmod{m}$$

左边提出 C，得到以下式子。

$$(a - b) \times C \equiv 0 \pmod{m}$$

以 m 为模，$(a - b) \times C$ 与 0 同余，说明 $(a - b) \times C$ 是 m 的倍数。也就是说，存在某个整数 J，使得以下等式成立。

$$(a - b) \times C = J \times m$$

这样一来，所有字母都是整数，且两边都变成了积的形式。

我想推导的是，存在某个整数 K，使得以下等式成立。

$$a - b = K \times m$$

因为如果 $a - b$ 是 m 的倍数，则 $a - b \equiv 0 \,(\text{mod } m)$，也就意味着下式是成立的。

$$a \equiv b \quad (\text{mod } m)$$

又因为

$$(a - b) \times C = J \times m$$

所以 $(a - b) \times C$ 是 m 的倍数。如果 C 和 m 互质，则 $a - b$ 含有 m 所有的质因数。

换言之，$a - b$ 是 m 的倍数，所以可以写成 $a - b = K \times m$ 这种形式。

嗯，在这里"互质指的是没有共同的质因数"又派上用场了。

解答 7-1 （同余式和除法运算）

假设 a, b, C, m 为整数，$m \neq 0$。

当 C 与 m 互质时，以下式子成立。

$$a \times C \equiv b \times C \quad (\text{mod } m)$$
$$\Downarrow \text{则}$$
$$a \equiv b \quad (\text{mod } m)$$

7.4　群·环·域

7.4.1　既约剩余类群

第二天放学后，我跟米尔嘉在教室里谈论昨天研究的成果。

"……我是这么解的。总之一句话，同余式两边可以同时除以跟模互质的整数。"我说。

"证明出来的吗……"米尔嘉回答道，"这个嘛，除了漏掉了'证明 $\mathbb{Z}/m\mathbb{Z}$ 是否满足结合律'和没考察'逆'以外，还是可以的。"

"我感觉……那个……"泰朵拉支支吾吾的，跟平常不大一样，"怎么说呢，应该说觉得有点不甘心吧。我没找到在同余式中进行除法运算的条件，就是说没能解决问题。这本身挺遗憾的，但也不是因为这个而不甘心……"

泰朵拉摆弄着笔记本，在脑海中找寻着恰当的词句。

"那个……要是因为一点都不明白而没能解开也就算了。'啊，我是因为不知道 ○○ 才没能解开问题的啊！'——这样我也能接受。但是这次我牢牢地掌握着所有的工具呢。

- 余数和 mod
- 同余式
- 群(运算、单位元、结合律、逆元)
- 运算表
- 互质

要是把这些一个个拿来问我'这是什么？'我肯定答得出来。可是，就算这样，我还是没能解开问题。关于求能进行除法运算的条件这个问题，米尔嘉学姐已经给了我提示，让我写乘法运算的运算表了，但是我还是没能抓紧'除法运算是乘法运算的逆运算'的含义。我知道，分数的除法运算只需要写出倒数做乘法运算就可以了，但是一牵扯到 mod 的运算，稍微换了个形式，我就没辙了。作为能进行除法运算的条件，存在着相当于倒数的元素——逆元。我没想到要去研究这个条件。明明找一下运算表中含有 1 的行，就能马上发现逆元了……要是碰到 $1, 5, 7, 11$，说不定我也能发现互质的……"

泰朵拉微微低下头，又用力地摇了摇头。

我们一言不发，只是默默地听着。

"为什么？到底为什么呢？为什么我没能解开问题呢？为什么我没能注意到重点呢？是习惯……了吗？我一直以为我的特长就在于，不管花多少时间都会努力攻克难题。这次我也写了运算表，认真地写了，但是也就这样而已，我没能想到'要去找 1'。我还想把数学读得更透、更透、更透……"

放在笔记本上的双手死死地紧握在一起。

"泰朵拉……"我插了句嘴，扫了一眼米尔嘉。

米尔嘉也看着我，微微点了点头。

"泰朵拉，数学的问题能解开就是能解开，解不开就是解不开。有时候一直认为很难的问题可能无意中就解开了，一直认为很简单的问题可能很奇怪就解不开。你看，你不也把我觉得很难的'五个格点'的问题解开了吗？你也很棒地运用了鸽笼原理呀。这次的问题也是这样哦。你把问题理解得很清楚，解答也理解得很到位，还很好地整理了重点。这些都不是白费的。来来，抬起头来，活力少女！你平常可不是这样的哦！"

泰朵拉慢慢地抬起头，一脸尴尬。

"我发了奇怪的牢骚，对不起。"

她低下头道歉。

我斜着眼看了看米尔嘉，米尔嘉淡淡地说道："要是因为没能解开问题就失落的话，就没完没了了。而且就算是解开了问题的青涩王子，我也很怀疑，他把运算表读到了什么份儿上。"

"诶？怎么回事？"没想到矛头居然指向了我。

米尔嘉像画 φ 一样挥动着食指，没搭理我就继续往下说道："举个例子——

'集合 $\mathbb{Z}/12\mathbb{Z}$ 关于 $\boxtimes$ 不构成群'

你注意到了吗？"

"什么？！"我吃了一惊。

这样啊，我求的是有逆元这个条件。也就是说，集合 $\mathbb{Z}/12\mathbb{Z}$ 里包含"有逆元的元素和没有逆元的元素"。也就是说，这个集合不是群。如果是群，所有的元素都应该有逆元。这么说来，这是再当然不过的。我居然到现在才发现……

"喔……你这么吃惊，说明你也没意识到

'集合 $\{1,5,7,11\}$ 构成群'

对吧。"

"啊！"我又吃了一惊。

跟 12 互质的整数集合 $\{1,5,7,11\}$ 构成群？米尔嘉说出"构成群"的一瞬间，我就感觉到这个集合被赋予了结构，感觉集合的元素一下子绷紧了似的。

"的确，的确，的确能构成群啊！"我感叹道。

"你说了三次'的确'，质数。"米尔嘉模仿我的口吻说道。

"是关于什么运算的群呢？"泰朵拉问道。

"泰朵拉……问得好。一听到群，就自然而然地要问'是什么样的集合？''是什么样的运算？'这是掌握群的定义的标志。"

"嘿嘿……"

"泰朵拉，来这边。"米尔嘉招手。

"来了，哎呀！不不不不不用了！"泰朵拉红着脸摆着两手，看来是从经验汲取教训了啊。

"集合 $\{1, 5, 7, 11\}$ 关于运算 $\boxtimes$ 构成群。也就是说，在求一般的积之后，再求以 12 为模的余项。就是这么个运算，运算表如下。"

$\boxtimes$	1	5	7	11
1	1	5	7	11
5	5	1	11	7
7	7	11	1	5
11	11	7	5	1

"原来如此……"我在脑海中检验了一遍群的公理。集合 $\{1, 5, 7, 11\}$ 关于 $\boxtimes$ 封闭，单位元不用说，是 1。各个元素都有逆元（逆元就是元素本身），结合律也 OK，确实构成群……

集合 $\mathbb{Z}/12\mathbb{Z}$ 的元素中，存在有逆元的和没有逆元的元素。也有像 $\{1, 5, 7, 11\}$ 这样，只抽出有逆元的元素来形成子集，从而构成群的啊。真是相当有意思。

"这个群称为**既约剩余类群**。对于集合 $\mathbb{Z}/12\mathbb{Z}$ 的既约剩余类群，数学公式就写作 $(\mathbb{Z}/12\mathbb{Z})^{\times}$。"

"米尔嘉学姐！这个群是阿贝尔群对吧！"

"为什么这么想？"

"因为这个运算表关于对角线轴对称，就是说满足交换律啊！"

"没错。泰朵拉，你这不是好好看了运算表吗。"

米尔嘉的这句话让泰朵拉一脸高兴地微微笑了。

7.4.2 由群到环

接下来，我们来说**环**。

对群而言，集合中只能定义一种运算。

对环而言，可以在集合中定义两种运算。跟群一样，这个运算是什么都没关系。有关系的只有一个条件，运算是否满足"环的公理"。

我们下面用 + 和 × 来表示两种运算的符号。因为这两个符号常用，我们已经看习惯了。然后我们将这两种运算称为加法运算及乘法运算，也有直接称为加法和乘法的情况。

在这里别忘了，这两种运算表示的不仅仅是一般意义上的加法运算和乘法运算。不管任何时候，只要有需要，都应该回头确认一下环的公理，这是非常重要的。

在这里，就出现了泰朵拉说的'不拘小节地同等看待'。这里说的加法运算不一定是我们平常说的加法运算，我们只是把某个运算称为加法运算，使用符号 + 来表示，同理，这里的乘法运算也不一定是我们平常概念中的乘法运算，只是把某个运算称为乘法运算，使用符号 × 来表示。

我们更进一步，把这个"加法运算"的单位元称为 0，"乘法运算"的单位元称为 1。0 不是我们平常数字概念中的 0，只是把它称为 0 而已，同理，1 也不是我们平常数字概念中的 1，只是称为 1 而已。

这就好比数学中的"比喻"。明白了吧。

在讲述环的公理之前，我先介绍一下"分配律"。我们知道数字世界的分配律。环的世界的分配律基本上也是同样的形式。

分配律是连接两种运算的法则。因为出现了两种运算，所以涉及群时就不会出现分配律的问题。

分配律

$$(a + b) \times c = (a \times c) + (b \times c)$$

看，这就是环的公理。

环的定义（环的公理）

我们将满足以下公理的集合称为**环**。

- **关于运算 ＋（加法）——**
  - ◦封闭
  - ◦存在单位元（称为 0）
  - ◦所有元素都满足结合律
  - ◦所有元素都满足交换律
  - ◦所有元素都存在与其对应的逆元
- **关于运算 ×（乘法）——**
  - ◦封闭
  - ◦存在单位元（称为 1）
  - ◦所有元素都满足结合律
  - ◦所有元素都满足交换律
- **关于运算 ＋ 和 ×——**
  - ◦所有元素都满足分配律

这里叙述的环的定义，严谨地说，是被称为'存在乘法单位元的交换环'。根据数学书的不同，环的用语也多少会有些变动。不过一般每本书中都会写出定义，所以没什么大碍。

那么，我来出个环的题。

◎　　◎　　◎

"我来出个环的题。"米尔嘉对泰朵拉说。

"环是关于加法的阿贝尔群吗?"

"诶？什么意思啊？"

"不明白是吗？环包含两种运算，我们分别称这两种运算为加法和乘法。我们在这里只关注加法，我问的是，环关于加法运算能构成阿贝尔群吗？泰朵拉你该不会不知道怎么判定是不是阿贝尔群吧？"

"啊！我知道了。只要比较公理就行了。稍等一下，我想想阿贝尔群的公理。阿贝尔群指的是在集合中，关于运算封闭……还有还有，有单位元，对于任何元素都满足结合律，对于任何元素都满足交换律……还有，对对，对于任何元素都存在逆元。再读一下环的公理就……对对，的确满足阿贝尔群的公理。所以'环关于加法构成阿贝尔群'。"

"好，这次我们抛开加法，只关注乘法。"

"环关于乘法构成阿贝尔群吗？"

"嗯，当然构成了。"

"为什么？"

"因为环关于加法构成阿贝尔群，所以关于乘法也……"

"你确认环的公理了没？"

"没……没有。"

"为什么没有？"米尔嘉轻轻地敲了一下桌子，"眼前列着一堆命题，为什么不读？你不是想'把数学读得更透、更透、更透'吗？"

"对不起，我这就读……啊啊啊啊啊啊啊啊！错了！错了！我太大意了！环虽然定义有两种运算，但是叫作'乘法'的运算却没有'所有元素都存在与其对应的逆元'这个公理！"

"没错。环有加法和乘法，但公理却不是对称的。乘法运算也不一定要有逆元，也就是说，环对于乘法运算本来就不一定是群。因为不一定是群，所以当然也不一定是阿贝尔群。"米尔嘉说道。

> **环和群**
>
> 环关于加法是阿贝尔群。
>
> 环关于乘法不一定是阿贝尔群。

"为什么又这么模棱两可的……"泰朵拉小声地自言自语道。

"什么模棱两可了?"

"不必非要这样弄出个不对称的公理吧……"

"泰朵拉,你现在已经知道了具有代表性的环,这哪是模棱两可的环,它可是创造出了华美深奥的世界噢!"米尔嘉说着,眼中闪着兴奋的光芒。

"是怎么一回事?"泰朵拉一脸疑惑。

"可以进行加法运算。因为肯定存在关于加法的逆元,所以也可以进行减法运算,乘法运算也可以。加法运算和乘法运算都满足分配律,但是关于乘法不一定有逆元,所以不一定可以进行除法运算。这样的集合你应该很熟悉。我就是想说这些。"

"诶?不能进行除法运算的集合? a 的倒数不能变成 $\frac{1}{a}$ 的意思吗?我不太明白……"

"喔……还不太明白吗?倒是可以变出 $\frac{1}{a}$,但是 $\frac{1}{a}$ 要是飞出集合范围外就不行了。大前提是,对于我们关注的集合来说,运算封闭。集合中没有相当于 $\frac{1}{a}$ 的元素……你说,这是什么样的集合?"

"嗯……抱歉,我不知道。"

"是整数集合。全体整数集合 $\mathbb{Z}$ 关于加法运算 + 和乘法运算 × 构成环。然而,$\mathbb{Z}$ 中不一定包含 $\frac{1}{a}$($\frac{1}{a}$ 满足整数 $a \neq 0$,且为乘法运算的逆元)。只有当 $a = \pm 1$ 的时候,逆元 $\frac{1}{a} \in \mathbb{Z}$。虽说不能进行除法运算,全体整数集合也并不是'模棱两可'的。即便没有除法运算,整数的世界也是丰富多彩的。"

208 第7章 以发型为模

我听着米尔嘉和泰朵拉的谈话，忽然意识到了什么。

"米尔嘉，难不成环是集合 $\mathbb{Z}$ 的抽象化表现？"

"这个嘛，你这么想也没什么错。集合 $\mathbb{Z}$ 关于加法 + 和乘法 × 构成环。我们把这个环称为**整数环**。另外，用 $\bmod m$ 考虑加法 + 和乘法 × 的话，集合 $\mathbb{Z}/m\mathbb{Z} = \{0, 1, 2, \cdots, m-1\}$ 也构成环。我们把这个环称为**剩余类环**。因为都叫作环，所以可以把 $\mathbb{Z}$ 和 $\mathbb{Z}/m\mathbb{Z}$ 同等看待。"

"为什么要叫作环呢？"

"为什么叫'环'，我也不知道。说不定是从剩余类环 $\mathbb{Z}/m\mathbb{Z}$ 的圆环形象来的。"[1]

"用英语要怎么说呢？"

"ring。"米尔嘉突然加快了语速，"整数环 $\mathbb{Z}$ 和剩余类环 $\mathbb{Z}/m\mathbb{Z}$ 都满足'环的公理'。但是，这两种环大不相同。$\mathbb{Z}$ 就像是数轴上排列的点，$\mathbb{Z}/m\mathbb{Z}$ 的点则分布在圆环上，就像是时钟的表盘；$\mathbb{Z}$ 是无限集合，$\mathbb{Z}/m\mathbb{Z}$ 是有限集合；$\mathbb{Z}$ 具有无限性，$\mathbb{Z}/m\mathbb{Z}$ 具有周期性。两者虽然大相径庭，却都满足环的公理。也就是说，只要存在从环的公理中推导出的定理，这个定理一定适用于 $\mathbb{Z}$，也同样适用于 $\mathbb{Z}/m\mathbb{Z}$。因为它们都是'环'。这就是抽象代数！"

这样啊……我在思考某个集合，定义运算的时候，只要这个集合满足环的公理，就能把已经经过数学家们证明的环的定理拿来用啊……

我一瞬间看到了许多命题，它们如森林般，如星座般不断扩张，创造了一个巨大的体系。我不知道关于环的定理，但这些基于环的公理的诸多关于环的定理，一定是数学家们长年累月筑造而成的。我深信——是数学家们造就了如此雄伟的建筑物。

---

[1] 希尔伯特在表述"环"这个概念时，首次用到了"Zahlring"（数字的环）这个说法。

7.4.3 由环到域

"因为环的公理里没有写明，所以环里不一定存在关于乘法的逆元，也就是说环里不一定能进行除法运算。接下来，我们思考一下除法。假设存在某个环，这个环里除 0 以外的所有元素都能进行除法运算，我们把这个环称为**域**。

英语叫作 field。我也不知道为什么起这个名字。"[1]

泰朵拉点头，米尔嘉突然压低了嗓门。

"对群而言，集合中只能定义一种运算。对环而言，集合中能定义两种运算。而对于域，集合中……"

"能定义三种运算吧！"

"不对。"

"咦？"

"并不是逐步增加运算的数量，比如说，存在'加法'和'关于加法的逆元'就能进行'减法'的运算，同理，存在'乘法'和'关于乘法的逆元'就能进行'除法'的运算。'关于乘法是否存在逆元'是环和域唯一的区别。关于乘法……对环而言，可以包含不存在对应的逆元的元素，但对域而言，除 0 以外的所有元素都必须存在与其对应的逆元。"

"0 以外的……还带着这个条件啊。"

"没错，0 的逆元可以不存在，这就相当于刨去了'除数为 0'这个条件。"

---

[1] 尤利乌斯·威廉·理查德·戴德金在表述"域"这个概念时，首次用到了"Körper"（域）这个说法。

域的定义（域的公理）

我们将满足以下公理的集合称为**域**。

- **关于运算 ＋（加法）——**
    - 封闭
    - 存在单位元（称为 0）
    - 所有元素都满足结合律
    - 所有元素都满足交换律
    - 所有元素都存在与其对应的逆元
- **关于运算 ×（乘法）——**
    - 封闭
    - 存在单位元（称为 1）
    - 所有元素都满足结合律
    - 所有元素都满足交换律
    - 除 0 以外的所有元素都存在与其对应的逆元
- **关于运算 ＋ 和 ×——**
    - 所有元素都满足分配律

（域与环的区别在于，关于乘法是否存在逆元）

"来，我们照老样子，来举个域的例子。因为'示例是理解的试金石'嘛。"

米尔嘉摊开两手催着泰朵拉。

"我想想……"

泰朵拉嘴里念叨着，在笔记本上写着什么。过了一会儿，她唰地举起了手。

"我想到了……比如说，分数 $\frac{q}{p}$ 的集合是'域'吗？"

"a 和 b 是什么？"米尔嘉马上反问道。

"a 和 b 是整数。所以我指的是全体 $\frac{整数}{整数}$ 的集合。我认为这个集合是域。"

"对她的回答，你怎么看？"米尔嘉问我。

"有两处不足。"我答道，"一处是，她似乎忘记了分母可能为 0。条件必须是 $\frac{整数}{0以外的整数}$。然后还有一处不足就是，这个集合已经有名字了，它是全体**有理数**的集合 $\mathbb{Q}$。"

"啊！是这样呢。全体有理数的集合是'域'吧？"

"没错。叫作**有理数域**。说起来，在之前证明基本勾股数的无限性的时候，我们也利用了全体有理数的集合是域这个条件呢。"

"啊，对啊。是用直线切断单位圆的那个证明吧。"我点头。

"在整数环 $\mathbb{Z}$ 中加入一般的除法就是有理数域 $\mathbb{Q}$。"米尔嘉继续讲道，"那么，要是想在剩余类环 $\mathbb{Z}/m\mathbb{Z}$ 中加入一般的除法，该怎么办呢？这就出现了下一个问题。"

问题 7-2 （将剩余类环变成域）

剩余类环

$$\mathbb{Z}/m\mathbb{Z} = \{0, 1, 2, \cdots, m-1\}$$

是域，写出模 m 满足的条件。

"能给我点时间吗？我还没完全掌握环和域的定义……"

"你随意。"

我也在想。已经给出很多提示了，大概能猜到是怎么回事了。我在笔记本上写了几个剩余类环的运算表，开始思索。

"难不成，是这个条件吗？"

泰朵拉畏畏缩缩地开口。

"嗯？什么条件？"米尔嘉问道。

"模 m 的条件吧，这个，对于任意整数……不对，只对于集合的元素就好，啊！还要除去 0……嗯，所以 $m-1$ 个整数里 $1, 2, \cdots, m-1$ 中的每个数字只要与模 m 互质，$\mathbb{Z}/m\mathbb{Z}$ 就能变成域……我认为。"

"喔……"

"因为那个，在同余式里考虑除法运算的条件的时候，能进行除法运算的只有与模互质的数字。所以，我才……"

"泰朵拉，这个事儿吧……唔！"

"沉默是金！"米尔嘉拿手捂住了我的嘴，不让我评价。

（好温暖）

米尔嘉就这么捂着我的嘴，像唱歌一样说道：

"泰朵拉，泰朵拉，喜欢词语的泰朵拉，

'整数 $1, 2, \cdots, m-1$，与模 m，互质。'

你的心，没有因这个想法雀跃吗？"

"诶？这，这个……1 和 m 互质，2 和 m 互质，3 和 m 互质，4 和 m 互……"

就在这时，泰朵拉突然不说话了。

过了三秒。

她慢慢瞪大了眼睛。

慢慢张开了嘴。

两手慢慢捂住了嘴。

"这是……质数？！"

"没错。"米尔嘉点头。

"唔嗯。"我也点头。现在该把手放开了吧？

"就是说，m 是质数对吧。嗯，这个……也就是说，**m 是质数的时候，剩余类环 $\mathbb{Z}/m\mathbb{Z}$ 是域！**"

"就是这样。m 是质数的时候，关于乘法，剩余类环 $\mathbb{Z}/m\mathbb{Z}$ 除了 0 以外的所有元素都有与其对应的逆元，也就是域。也可以反过来说，剩余类环 $\mathbb{Z}/m\mathbb{Z}$ 为域的时候，m 是质数。虽然也有 $m = 1$ 这种特殊情况。"

泰朵拉眼眶湿润了。

"为什么，为什么我会这么感动呢。突然在这种地方出现了质数！环的公理和域的公理里面，根本就没有提到过质数。然而由剩余类环创造域的时候，元素的个数是质数这个条件在这里居然会起到作用，真是不可思议！"

米尔嘉终于把手从我的嘴上拿开了。呼……

"假设 p 为质数，将剩余类环 $\mathbb{Z}/p\mathbb{Z}$ 看作是域，这时可将其称为**有限域 $\mathbb{F}_p$**。

$$\mathbb{F}_p = \mathbb{Z}/p\mathbb{Z}$$

如果把像时钟一样旋转的剩余类环看作整数的微缩模型，那么用质数 p 构造出的有限域 $\mathbb{F}_p$ 也可以说是有理数的微缩模型吧。从时钟到 $\bmod$，然后是群·环·域——世界旋转得真壮观啊。"

米尔嘉一脸满足地总结道。

解答 7-2 （将剩余类环变成域）

模 m 是质数时，剩余类环 $\mathbb{Z}/m\mathbb{Z}$ 为域。

7.5　以发型为模

"我们说着说着就说了这么多。"

周末，我在自己家里把余项、同余、还有群、环、域讲给尤里听。

"总觉得好神奇啊……"尤里大大地叹了一口气，"哥哥你们经常三个人待在图书室吧，能跟米尔嘉和泰朵拉一起讨论这些，人家好羡慕啊，讨厌……"

"你能理解我说的同余？"

"嗯，哥哥你讲得很容易理解啊。总之就是用余数能进行加法和减法运算对吧，还包括乘法运算。只要满足互质这个条件，还能做除法运算。同等看待那一块儿也很有意思。无视差异同等看待……然后直到有限域 $\mathbb{F}_p$ 那里。我说哥哥！之前你说过的那个'折叠无限'，指的不就是同余吗……"

既可以将无限时光折叠，放入信封。

也可以将无限宇宙尽收掌心，令其高歌。

"确实，使用同余就能把无限的事物化为有限呢。"我说。

整数环 $\mathbb{Z}$ 和剩余类环 $\mathbb{Z}/m\mathbb{Z}$，有理数域 $\mathbb{Q}$ 和有限域 $\mathbb{F}_p$……

"是吧……"尤里说着表情认真了起来，摆弄着马尾辫不知在想些什么。

"啊，对了，你给我的建议派上用场了。"我说。

"什么建议来着？"

"对女生来说，'很配你哦'这句话是多么的重要。"

"诶？！你真的说了这句话？对谁说的？"

"对泰朵拉……她把头发剪短了。我一对她说完'很配你哦'，她马上就高兴得一塌糊涂……"

"哥哥！这句话怎么能随便拿去说啊！唉，我笨死了。没想到你真的会拿去说……话说泰朵拉换了发型吗？"

"嗯，说是把最近长长的部分剪掉了。"

"最近？泰朵拉就这点'不同'？"

"什么啊？"

"女生……很复杂的！"

"什么？"

"以发型为模，过去的泰朵拉和现在的泰朵拉同余喵？"

我有时候在想，

学习和研究到底有何不同呢？

数学课上，只要读读教科书上写着的内容，然后记住公式，

再用记住的公式解开问题，对一下答案就结束了。

然而我认为，研究是去探求"未知的答案"，

是向答案逼近的一个过程。

因为不知道答案才会有趣。

从自己找寻、发现答案的过程中，

才能感受到研究的魅力所在。

——山本裕子[4]

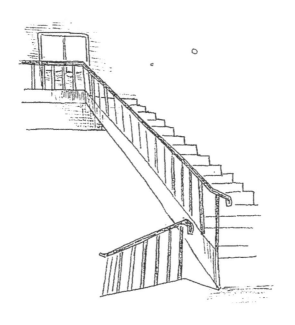

不，是用来考证的。

以我们的观点分析，这一带的地盘既厚又坚固，

有很多证据可以证明是大约一百二十万年前形成的。

但我们还想从其他角度来分析，

研究和探索这里以前是否究竟是这样的地层？

还是原来这里只有风和水？或者是无边的天空？

——宫泽贤治《银河铁道之夜》

8.1 费马大定理

"哥哥，我问个问题可以吗？"尤里说道。

"可以啊。"我把目光从笔记本上移开，抬头看向她。

11 月的某个周六下午，尤里又如往常一样来了我家。我们吃了手抓肉饭以后，她就在我的房间懒懒散散地读着书，我则写着有限域 $\mathbb{F}_p$ 的运算表。

"有**费马大定理**这么个东西吧？哥哥。"

"嗯。"

费马大定理

当 $n \geqslant 3$ 时,以下方程式不存在自然数解。

$$x^n + y^n = z^n$$

"为什么费马大定理这么有名啊?"

"这个嘛……我认为主要原因有三个。"我说。

- 问题本身谁都能理解。
- 费马曾写道:"我确信已发现了一种美妙的证法"。
- 即便如此,其后 350 多年却没有人能证明它。

"除了专业的数学家以外,是没人能理解那些数学界最尖端的问题的。别说解答问题了,连问题的含义都没法理解。但费马大定理不同,谁都能理解问题的含义,但是却连数学家都解不开它。"

"嗯,虽然人家很笨,不过人家也明白费马大定理的含义。"

"都说尤里你不笨了。——费马在数学书的空白处留下的笔记是种暗示。"

我确信已发现了一种美妙的证法,

可惜这里空白的地方太小,写不下。

"这不是证明不了还嘴硬的表现吗?"

"人们一般都会这么想。——不过费马可是 17 世纪顶尖的数学家啊。"

"咦?哥哥,这本书里说费马是'业余人士'啊!"尤里把她正在看的书拿给我看。

"那是因为费马并没有把数学家作为职业。在他生活的年代，专业的数学家很少。费马是一名律师，出于个人兴趣，利用闲暇时间研究数学。不过，这本书中把研究出当时最先进的数学的人称为'业余人士'，会引人误会的……费马在数学书的空白处写下了好些问题，没想到这些问题成了'超越时空的题集'。后世的数学家们虽然渐渐解开了费马遗留的问题，但还剩下一个问题，谁都没能把它解开。"

"那就是'费马大定理'吗？"

"对。"

"因为留到了最后，所以又叫最后定理 ①。游戏关底最后的大魔王啊。"

"费马于 1637 年左右留下这个问题，而怀尔斯于 1994 年才提交论文证明了它。经过怀尔斯的证明，费马大定理才真正成为了定理。"

"成为了定理是怎么回事？"

"不能被证明，就无法称之为定理。虽然费马主张'当 $n \geqslant 3$ 时，$x^n + y^n = z^n$ 没有自然数解'，但却没留下证明过程。数学领域的主张，也就是我们所说的命题，未经证明的话只不过是猜想而已。在'费马大定理'得到证明以前，应该称它为'费马的猜想'才对。"

"喔……这样啊。哥哥，我还有个问题。这里列出了费马大定理的证明时间表……"尤里翻开书。

"费马大定理"的证明时间表

1640 年	FLT(4)	由费马证明
1753 年	FLT(3)	由欧拉证明
1825 年	FLT(5)	由狄利克雷和勒让德证明
1832 年	FLT(14)	由狄利克雷证明
1839 年	FLT(7)	由拉梅证明

① 费马大定理又称为"费马最后定理"。——译者注

"这里写的 FLT(3) 和 FLT(4) 是什么？"

"**FLT** 是 Fermat's Last Theorem（费马大定理）的首字母略称。费马的方程式中出现了 n 这个变量对吧。"

$$x^n + y^n = z^n$$

"嗯。"

"费马大定理指的是，在

$$n = 3, 4, 5, 6, 7, \cdots$$

中，对于任意 n，都不存在满足方程

$$x^n + y^n = z^n$$

的一组自然数 (x, y, z)。就是这么个定理。"

"嗯，然后呢？"

"虽然费马大定理涉及了所有大于等于 3 的 n，但 FLT(3) 指的是单独涉及 $n=3$ 这个情况的命题。也就是说，FLT(3) 所指的命题是'不存在满足方程 $x^3 + y^3 = z^3$ 的一组自然数 (x, y, z)'。"

$$
\begin{aligned}
x^3 + y^3 = z^3 \text{ 不存在自然数解} &\iff \text{FLT(3)} \\
x^4 + y^4 = z^4 \text{ 不存在自然数解} &\iff \text{FLT(4)} \\
x^5 + y^5 = z^5 \text{ 不存在自然数解} &\iff \text{FLT(5)} \\
x^6 + y^6 = z^6 \text{ 不存在自然数解} &\iff \text{FLT(6)} \\
x^7 + y^7 = z^7 \text{ 不存在自然数解} &\iff \text{FLT(7)} \\
&\vdots
\end{aligned}
$$

"哦，我知道了。——咦？表上缺了 FLT(6) 啊！"

"尤里真棒，没有一下带过，而是认真地确认了内容呢。"

"喵呼……都说了人家会害羞的！"

"证明 FLT(6) 的是欧拉啊。"

"诶？但是欧拉证明的不是 FLT(3) 吗？"

"能证明 FLT(3) 也就证明了 FLT(6) 啊。"

"诶？为什么啊？"

"那我们来证明'如果方程式 $x^3 + y^3 = z^3$ 不存在自然数解，那么方程式 $x^6 + y^6 = z^6$ 也不存在自然数解'这个命题吧。"

"人家也能明白这么难的证明吗？"

"能明白的，我们用反证法。"

◎　　◎　　◎

我们用反证法。作为前提，我们假设已经证明了"方程式 $x^3 + y^3 = z^3$ 不存在自然数解"。

我们要证明的命题是"方程式 $x^6 + y^6 = z^6$ 不存在自然数解"。反证法的假设就是否定这个命题。

反证法的假设："方程式 $x^6 + y^6 = z^6$ 存在自然数解。"

然后，我们将自然数解 (x, y, z) 替换成 (a, b, c)。虽然实际上并不存在 (a, b, c) 这三个数字，但我们要研究的是，如果这三个数字存在，那么我们能推导出什么。然后我们就期待找到矛盾吧。这就是反证法。

那么，由 (a, b, c) 的定义可知，下面等式成立。

$$a^6 + b^6 = c^6$$

这个等式可以像下面这样变形。

$$(a^2)^3 + (b^2)^3 = (c^2)^3$$

要说为什么，因为 $x^6 = (x^2)^3$。要凑出 6 次方，就用 2 次方的 3 次方就可以了。这就是指数运算法则。接下来我们定义自然数 A, B, C，如下所示。

$$(A, B, C) = (a^2, b^2, c^2)$$

这样一来……

$$a^6 + b^6 = c^6 \qquad a, b, c \text{ 的定义}$$
$$(a^2)^3 + (b^2)^3 = (c^2)^3 \qquad \text{指数运算法则}$$
$$A^3 + B^3 = C^3 \qquad A, B, C \text{ 的定义}$$

也就是说，(A, B, C) 是方程式 $x^3 + y^3 = z^3$ 的自然数解。

推导出的命题："方程式 $x^3 + y^3 = z^3$ 存在自然数解。"

话说回来，作为我们谈论的出发点，我们是以 FLT(3) 为前提的。

前提："方程式 $x^3 + y^3 = z^3$ 不存在自然数解。"

这就矛盾了吧。因此我们根据反证法，否定了反证法的假设。这样，我们就证明了"方程式 $x^6 + y^6 = z^6$ 不存在自然数解"。

◎   ◎   ◎

"原来如此，也就是说，如果 $x^6 + y^6 = z^6$ 存在自然数解，那么就能由这个结论推出 $x^3 + y^3 = z^3$ 的自然数解喽？"

"没错，刚才的内容还能推广到一般的情况，也就是说，想证明当 $n \geqslant 5$ 时 FLT(n) 成立的时候，没必要一个个去证明所有的 n。只要证明当质数 $p = 5, 7, 11, 13 \cdots \cdots$ 时，FLT(p) 成立就可以了哦。"

"诶？只要证明质数就行了啊。咦？要是这样的话狄利克雷为什么还要证明 FLT(14) 呢？因为 14 等于 7×2，所以 14 不是质数啊……先证明 FLT(7) 不是更好吗？"

"尤里……确实可能是这样,不过狄利克雷肯定没能证明 FLT(7)啊……"

"啊,这样啊。"尤里耸了耸肩,"话说回来,数学家们还真能想啊,哥哥。感觉这种天衣无缝的理论好舒服啊,怎么说呢,这种没有退路的感觉……让人兴奋得颤抖!就像推理电视剧似的。数学这东西,竟然能用严谨的逻辑来处理……嗯,嘿咻……"

尤里抬起纤细的手臂,向上伸了个懒腰,简直就像只苗条的猫咪。

"不过啊,尤里。数学应该不只是这样。在追寻到严谨的逻辑之前,有时也会在森林中迷路哦。"

"诶,是这样啊。数学家不就是那种绝对不会犯错的好学生吗?"

"数学家在思考的过程中也会犯很多错误的。当然,最后完成的论文有错就麻烦了……"

"没有错误,完美。米尔嘉大人,好崇拜她啊!"

"这么说来,尤里你在考试的时候有过计算错误吗?"

"计算错误基本没有,不过经常有不能一下子解开问题的时候。因为人家笨嘛。"

"才不是呢,尤里。"我说,"都说了你不笨。我……不,哥哥我啊,知道尤里不笨,所以你不准说这种话。尤里很聪明的哦。"

"哥哥……"

"尤里很聪明哦……真的是一只聪明的小猫女哦。"

"人家正感动呢,别逗人家笑喵!"

8.2　泰朵拉的三角形

8.2.1　图书室

在这之后的一周，周五放学后。

我像往常一样迈进图书室，这时泰朵拉已经开始学习了。她一个人在笔记本上热衷地写着什么。

"来得真早啊。"

"啊，学长！刚刚米尔嘉学姐也来了一下，不过说是要跟盈盈学姐练习，就回去了。"

"你现在做的是村木老师出的问题？"

"没错。又是三角形的问题呢。"

问题 8-1

存在三边皆为自然数，面积为平方数的直角三角形吗？

"已经想了很久了吗？感觉能解开吗？"我问道。

"我正在举实际例子来验证自己的理解呢！所以麻烦学长不要说话！"泰朵拉把食指放在嘴唇上，做了一个'嘘'的手势。我不由得心跳了一下。

"那，我在那边算自己的。等会儿咱们一起回去。"

"好。"泰朵拉笑了笑。

我原本打算继续算有限域 $\mathbb{F}_p$，但不由得被刚刚泰朵拉的问题牵住了心思。

"存在三边皆为自然数，面积为平方数的直角三角形吗？"

直角三角形……也就是说，三边边长应该能构成勾股数。用变量表示三边边长，再研究它们的条件就能解开了吧？

不过还是先举个**实例**来验证自己的理解吧。——"示例是理解的试金石"。

假设三边边长分别为 a, b, c（c 为斜边边长），研究一下典型的勾股数吧！

$$(a, b, c) = (3, 4, 5)$$

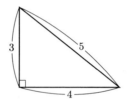

此时，

$$直角三角形的面积 = \frac{ab}{2} = \frac{3 \times 4}{2} = 6$$

因为不存在平方后得6的整数，所以6不是平方数。原来如此！

那再看看别的例子吧。研究一下 $(a, b, c) = (5, 12, 13)$ 的情况。

$$直角三角形的面积 = \frac{5 \times 12}{2} = 30$$

30也不是平方数，喔？

我在表上试着总结了几个勾股数。

(a, b, c)	直角三角形的面积	是平方数吗?
$(3, 4, 5)$	$\dfrac{3 \times 4}{2} = 6$	$\times$
$(5, 12, 13)$	$\dfrac{5 \times 12}{2} = 30$	$\times$
$(7, 24, 25)$	$\dfrac{7 \times 24}{2} = 84$	$\times$
$(8, 15, 17)$	$\dfrac{8 \times 15}{2} = 60$	$\times$
$(9, 40, 41)$	$\dfrac{9 \times 40}{2} = 180$	$\times$

原来如此……的确面积无法构成平方数。不过我只研究了 5 组,还不能断言"绝对无法构成平方数"。未经证明的话只不过是猜想而已。

好,那么来挑战一下,看能不能证明

"不存在三边皆为自然数,面积为平方数的直角三角形。"

整体证明的思路,还是用**反证法**吧。假定存在一个面积为平方数的直角三角形,然后推导出矛盾。感觉这样会更清楚一些。

要证明的命题:"不存在三边皆为自然数,面积为平方数的直角三角形。"

要证明的命题的否定如下,我们假定其成立。

反证法的假设:"存在三边皆为自然数,面积为平方数的直角三角形。"

接下来,把命题里的重点**用数学公式表达**出来。

首先是"直角三角形"。假设三边边长为自然数 a, b, c,c 为斜边边长,然后由勾股定理得到

$$a^2 + b^2 = c^2$$

这个等式可以表达"直角三角形"的概念。

因为我想以尽可能简单的形式逐步思考，所以我将 a, b 转化为两个互质的数字。想得到互质的话，只要除以 a 和 b 的最大公约数就好。把 a 和 b 的最大公约数设为 g，就存在以下自然数 A, B。

$$a = gA, \quad b = gB, \quad A \perp B \,(\, A \text{和} B \text{"互质"}\,)$$

因为 g 代表了 a 和 b 的所有共同的质因数，所以 A 和 B 已经没有共同的质因数了。也就是说，A 和 B 互质（$A \perp B$）。

把 $a = gA, b = gB$ 代入到勾股定理里试试。

$$\begin{aligned}
a^2 + b^2 &= c^2 && \text{勾股定理} \\
(gA)^2 + (gB)^2 &= c^2 && \text{代入} \; a = gA, b = gB \\
g^2(A^2 + B^2) &= c^2 && \text{提出} \; g^2
\end{aligned}$$

也就是说，c^2 是 g^2 的倍数。这样一来，c 就是 g 的倍数，那么就存在满足下式的整数 C。

$$c = gC$$

好的，继续计算。

$$\begin{aligned}
g^2(A^2 + B^2) &= c^2 && \text{刚才的等式} \\
g^2(A^2 + B^2) &= (gC)^2 && \text{代入} \; c = gC \\
g^2(A^2 + B^2) &= g^2 C^2 && \text{展开右边的式子} \\
A^2 + B^2 &= C^2 && \text{两边同时除以} \; g^2
\end{aligned}$$

由 $A \perp B$ 和 $A^2 + B^2 = C^2$，即可推导出 $B \perp C, C \perp A$。这样就可以导入三个两两互质的数字 A, B, C 来替换 a, b, c。(A, B, C) 是基本勾股数。

至此可以说是一路笔直地踏实前行。下面应该走哪边好呢……

　　嗯。这次在'面积是平方数'的条件里代入 A, B 来研究吧。感觉找到状态了……设 d 为某个自然数,写成下面这种形式就可以用数学公式表达"面积是平方数"的概念了。

$$\frac{ab}{2} = d^2$$

代入 $a = gA, b = gB$。

$$\frac{(gA)(gB)}{2} = d^2$$

计算得

$$g^2 \times \frac{AB}{2} = d^2$$

因为 (A, B, C) 是基本勾股数,所以 A 和 B 中有一方为偶数。也就是说 $\frac{AB}{2}$ 是自然数。因此 d^2 是 g^2 的倍数,即 d 是 g 的倍数。所以,存在自然数 D 满足 $d = gD$,代入公式。

$$g^2 \times \frac{AB}{2} = (gD)^2$$

去分母,两边同时除以 g^2,可得到下式。

$$AB = 2D^2$$

至此,就创造出了一个带有附加条件的新问题,条件就是 A 和 B 互质。这个问题是泰朵拉手中卡片的另一个说法。

　　嗯,进行得很顺利嘛。

　　不过,还是没能发现关键的矛盾所在。

问题 8-2 （问题 8-1 的另一个说法）

存在满足以下式子的自然数 A, B, C, D 吗？

$$A^2 + B^2 = C^2, \quad AB = 2D^2, \quad A \perp B$$

（$A \perp B$ 表示的是 A 和 B 互质）

"放学时间到了！"

听到瑞谷老师的声音，我才恍然大悟地抬起头。

天色已经暗了，在钻研数学的过程中，我忘记了时间的流逝，生活在如梦境般的另一个世界之中。会意识到这点，是因为我已经回到了往常的世界。这边的世界——有我，有泰朵拉，有米尔嘉……

"学长？"

泰朵拉站在我面前。

"该回去了吧？"

我看着泰朵拉，沉默地注视了一会儿，她脸颊微红，歪着头问我。

"学长？"

"嗯，回去吧。谢谢你，泰朵拉。"

"诶？谢什么啊？"

"没什么，总觉得该谢谢你，嗯。"

8.2.2 曲曲折折的小路

我们并肩走在回家的路上，穿过住宅区曲曲折折的小路。

"我怎么这么……手忙脚乱呢……"泰朵拉说道，"只要出现一个数学公式，我脑袋就被塞满了，条件都不知道飞到哪儿去了……"

泰朵拉一会儿双拳按头，一会儿双手抱头。

"这么说来，之前你也说过变量一多就感觉难了呢。"

"对对！学长和米尔嘉学姐都能轻轻松松地写出**定义方程式**。'设 $m = \heartsuit\heartsuit\heartsuit$'啊'定义 $b = \spadesuit\spadesuit\spadesuit$'什么的……我最不擅长这个了。"

"虽然定义方程式中变量会增加，不过之后的式子变形会很有趣哦。"

"所以啊！我一直在努力挑战这次的问题，用那个毕达哥拉·榨汁机。"

"嗯？什么意思？"

"就是那个'用 m 和 n 创造基本勾股数'的方法啊！我想用'基本勾股数的一般形式'来考虑。"

"啊，原来如此，还有这种方法啊。"

这样啊，确实，只要使用基本勾股数的一般形式，就能用 m 和 n 表示 A, B, C。从这里开始研究的话，能不能引出矛盾呢？

"这主意不错啊。"

"啊，学长你也在想吗？我也不会输的哦！"

泰朵拉一边说着，一边摆出拳击的架势左右挥着拳头。

8.3 我的旅行

8.3.1 旅行的出发点：用 m, n 表示 A, B, C, D

夜晚，在自己家里。

我即将要出发去旅行，一场推导矛盾的旅行。已确认出发地点。自然数 A, B, C, D 有着如下关系。就从这里开始推导矛盾。

出发点

$$A^2 + B^2 = C^2, \quad AB = 2D^2, \quad A \perp B$$

由 $A^2 + B^2 = C^2$ 和 $A \perp B$，可知 A, B, C 是一组基本勾股数。也就是说，采用'基本勾股数的一般形式'，就可以用 m, n 表示 A, B, C。这就是泰朵拉所说的毕达哥拉・榨汁机。

基本勾股数的一般形式（毕达哥拉・榨汁机）

$$A^2 + B^2 = C^2, \ A \perp B \iff \begin{cases} A = & m^2 - n^2 \\ B = & 2mn \\ C = & m^2 + n^2 \end{cases}$$

自然数 m, n 的条件：

- $m > n$

- $m \perp n$

- m, n 仅有一方为奇数（两者奇偶性不一致）

（参考 2.5 节）

由"面积是平方数"这个条件我们已经推导出了 $AB = 2D^2$ 这个等式，接下来将 m, n 代入这个等式，研究 D 的性质。

之前虽然跟泰朵拉讲了定义方程式的作用，但自己面临导入变量的时候，心中还是会有一丝不安。我很担心，会不会增加变量后搞得一团乱呢……

我告诉自己"要信赖数学公式"，赶走了心中不安的情绪。数学公式的好处就在于，可以脱离含义，用机械性的操作来一层层解开问题。只要将基本勾股数的一般形式纳入式子中，就可以忘掉直角三角形的事儿了。之后胜负就取决于能否将数学公式作为武器熟练运用了。

首先用 m, n 表示 $AB = 2D^2$。

虽然看不到路途前方有什么，但旅行开始了。

上路吧！

$$AB = 2D^2 \qquad \text{由 “面积是平方数” 推导出的公式}$$
$$(m^2 - n^2)B = 2D^2 \qquad \text{代入 } A = m^2 - n^2$$
$$(m^2 - n^2)(2mn) = 2D^2 \qquad \text{代入 } B = 2mn$$
$$mn(m^2 - n^2) = D^2 \qquad \text{两边同时除以 2，整理式子}$$
$$mn(m+n)(m-n) = D^2 \qquad \text{“两数之和乘以两数之差等于平方差”}$$

看，出现了这样的等式。

$$D^2 = mn(m+n)(m-n)$$

这不是……之前做过的形式吗？

左边的 D^2 是“平方数”。

然后，右边是“互质数字的乘积”，没错……吧？

因为 m 和 n 互质，所以从这里出现的四个因子

$$m, n, m+n, m-n$$

中，任意拿出两个因子，都可以两两互质……是吧？

比如说，存在 $(m+n) \perp (m-n)$？

我很不安。

如果在这里不存在 $(m+n) \perp (m-n)$，我就失去了重要的武器。用反证法踏踏实实地证明吧。

假设 $m+n$ 和 $m-n$ 不互质，此时应存在某个质数 p 和自然数 J, K 使得下式成立。

$$\begin{cases} pJ &= m+n \\ pK &= m-n \end{cases}$$

这个质数 p 是 $m+n$ 和 $m-n$ 共同的质因数。

只要从这个式子推导出矛盾，就能证明 $m+n$ 和 $m-n$ 互质了。来，

看看能不能守住武器。

把上面两个式子左右两边分别相加，导出 p 和 m 的关系。

$$pJ + pK = (m+n) + (m-n) \qquad \text{左右两边分别相加}$$
$$p(J + K) = (m+n) + (m-n) \qquad \text{左边提出 } p$$
$$p(J + K) = 2m \qquad\qquad\qquad \text{计算右边}$$

将左右两边分别相减，导出 p 和 n 的关系。

$$pJ - pK = (m+n) - (m-n) \qquad \text{左右两边分别相减}$$
$$p(J - K) = (m+n) - (m-n) \qquad \text{左边提出 } p$$
$$p(J - K) = 2n \qquad\qquad\qquad \text{计算右边}$$

于是得到以下关系。

$$\begin{cases} p(J + K) & = 2m \\ p(J - K) & = 2n \end{cases}$$

变成了乘积的形式，我已经明白了！

首先，p 不可能等于 2。因为 m 和 n 的奇偶性不一致，所以 $pJ = m + n$ 是奇数，因此 p 不是偶数。也就是说，p 不可能等于 2。

但是 p 也不可能大于等于 3。因为如果 p 大于等于 3，m 和 n 就都是 p 的倍数。但是 $m \perp n$——也就是说 m 和 n 没有共同的质因数。所以 p 不可能大于等于 3。

综上所述，可以说 $(m+n) \perp (m-n)$。

呼……

以防万一，我把 $m+n$ 和 m 互质的关系也写出来吧。

假设 $m+n$ 和 m 不互质，此时存在某个质数 p 和自然数 J, K 使得下式成立。

$$\begin{cases} pJ & = m+n \\ pK & = m \end{cases}$$

采用跟刚才同样的方法，得到如下等式。

$$\begin{cases} pK & = m \\ p(J-K) & = n \end{cases}$$

据此可知 m, n 都是 p 的倍数，和 $m \perp n$ 相矛盾。

同理可证 $m-n$ 和 m，$m+n$ 和 n，$m-n$ 和 n 都互质。

好，这样就证明了四个因子

$$m, n, m+n, m-n$$

是分别两两互质的。我牢牢守住了重要的武器。

那么言归正传。刚刚经研究得出了下式。

$$D^2 = mn(m+n)(m-n)$$

一方面，左边的 D^2 是平方数。如果进行质因数分解，就能得到 D^2 含有偶数个质因数。

另一方面，右边四个因子 $m, n, m+n, m-n$ 是两两互质的——也就是说没有共同的质因数。

想象一下把左边的质因数分配到右边四个因子中的情况，则四个因子都各自含有偶数个质因数。总之一句话，"$m, n, m+n, m-n$ 全部是平方数"！

"互质"真的是一件实用的武器啊……用"最大公约数为 1"体现"互质"的时候还有些摸不清状况，而换成"没有共同的质因数"就感觉一下子开窍了，就如同一把锋利的长剑。

8.3.2 原子和基本粒子的关系：用 e, f, s, t 表示 m, n

接下来用数学公式来表示 $m, n, m+n, m-n$ 是平方数这个条件吧。

刚才我们用 m, n 表示了 A, B, C, D。

这次用 e, f, s, t 表示 m, n。

嗯？

我……

我难不成踏上了发现微结构的旅途？

研究分子 (A, B, C, D)，发现了小的原子 (m, n)。

研究原子 (m, n)，又发现了更小的基本粒子 (e, f, s, t)……

这次的旅行就是这么回事吧。

没准还有更小的夸克……

接下来……

因为 $m, n, m+n, m-n$ 是平方数，所以存在以下自然数 e, f, s, t。

用 e, f, s, t 表示 $m, n, m+n, m-n$"原子和基本粒子的关系"

$$\begin{cases} m & = e^2 \\ n & = f^2 \\ m+n & = s^2 \\ m-n & = t^2 \end{cases}$$

e, f, s, t 分别两两互质。

又导入了新的变量，而且还是四个……不过一定没问题的。要信赖数学公式，信赖数学公式……

下面该往哪边走呢？我重看了一遍笔记想着。

试试用 e, f, s, t 表示 m 吧。虽然已经有 $m = e^2$ 这个等式了，不过由下面的式子应该能够得到些什么。

$$\begin{cases} m + n = s^2 \\ m - n = t^2 \end{cases}$$

嗯，把两个式子左右两边分别相加相减，可以用 s, t 表示 m, n，即用基本粒子来表现原子的结构。

$$\begin{cases} 2m = s^2 + t^2 \\ 2n = s^2 - t^2 \end{cases}$$

根据"两数之和乘以两数之差等于平方差"，将 $2n = s^2 - t^2$ 的右边变形为乘积的形式。做出乘积的形式，是为了方便研究整数的结构。

$$\begin{aligned} 2n &= s^2 - t^2 & \text{上式} \\ 2n &= (s+t)(s-t) & \text{"两数之和乘以两数之差等于平方差"} \\ 2f^2 &= (s+t)(s-t) & \text{代入 } n = f^2 \end{aligned}$$

可得到 f 和 $s+t, s-t$ 的关系，即基本粒子间的关系。

---

f 和 $s+t, s-t$ 的关系"基本粒子间的关系"

$$2f^2 = (s+t)(s-t)$$

8.3.3 研究基本粒子 $s + t, s - t$

下面来研究刚才得出的式子 $2f^2 = (s + t)(s - t)$，先从等式右边的因子 $s + t, s - t$ 开始吧。

$s + t$ 和 $s - t$ 是整数。首先"调查奇偶性"。

s 的奇偶性如何呢？根据"原子和基本粒子的关系"，可知存在 $m + n = s^2$。$m + n$ 的奇偶性……我懂了。因为 m 和 n 的奇偶性不一致，所以 $m + n$ 不是偶数 + 奇数就是奇数 + 偶数。不管怎样，$m + n$ 都是奇数，也就是说 s^2 也是奇数。s 平方后还得奇数，说明 s 也是奇数。好，**明确 s 是奇数**了！

t 的奇偶性同理。存在 $m - n = t^2$，m 和 n 的奇偶性不一致。t^2 是奇数，因为 t 平方后还得奇数，所以 **t 也是奇数**。

因此，s 和 t 都是奇数——就是它！

因为 s 和 t 都是奇数，所以 **$s + t$ 和 $s - t$ 都是偶数**。

话说回来，s 和 t 互质吗？

因为 $(m + n) \perp (m - n)$，所以 $s^2 \perp t^2$。因为平方后的数字互质，所以平方前的数字也互质。没有共同的质因数这点在平方前和平方后是不变的。也就是说，**s 和 t 是互质的**。

好，这样就明确了 $s \perp t$！

咦？我不是在"原子和基本粒子的关系"中以"e, f, s, t 分别两两互质"为前提导入了变量吗……算了，总之可以肯定 $s \perp t$。

这样 s, t 就基本摸透了。

> **由 s, t 可知**
>
> • s 是奇数
>
> • t 是奇数
>
> • $s + t$ 是偶数
>
> • $s - t$ 是偶数
>
> • s 和 t 互质 $(s \perp t)$

　　我又看了一遍笔记，考虑应该把刚刚得到的 $s + t$ 和 $s - t$ 的条件代入哪个式子。

　　带有 $s + t$ 和 $s - t$ 这样的因子的数……在这个"基本粒子间的关系"中。

$$2f^2 = (s + t)(s - t)$$

　　因为 $s + t$ 和 $s - t$ 是偶数，所以 $\frac{s+t}{2}$ 和 $\frac{s-t}{2}$ 是整数。上式可写成下面这样。

$$2f^2 = 2 \cdot \frac{s + t}{2} \cdot 2 \cdot \frac{s - t}{2}$$

写成这样后，右边就成了四个整数的乘积的形式。

　　在等式两边同时除以 2，得到

$$f^2 = 2 \cdot \frac{s + t}{2} \cdot \frac{s - t}{2}$$

左边是平方数……慢着，诶？我刚才不也做了一样的事吗？这不是又绕回原路了吗？

　　不不，不要紧。等式左边的 f^2 是平方数，右边含有质因数 2。因为等式右边应该也是平方数，所以另一个质因数 2 应该分配给两个因子中的一个，即 $\frac{s+t}{2}$ 和 $\frac{s-t}{2}$ 中的一个。

也就是说，$\frac{s+t}{2}$ 和 $\frac{s-t}{2}$ 之中有一个是偶数。

$\frac{s+t}{2}$ 和 $\frac{s-t}{2}$ 是不是互质的呢？

打比方说，假设 $\frac{s+t}{2}$ 和 $\frac{s-t}{2}$ 不互质……类似这种检验已经做了无数回了吧。设它们有共同的质因数 p，则存在整数 J, K，它们之间的关系可以用下式表示。

$$\begin{cases} pJ & = \frac{s+t}{2} \\ pK & = \frac{s-t}{2} \end{cases}$$

将等式左右两边分别相加，分别相减，得到下式。

$$\begin{cases} p(J+K) & = \frac{s+t}{2} + \frac{s-t}{2} = s \\ p(J-K) & = \frac{s+t}{2} - \frac{s-t}{2} = t \end{cases}$$

明白了。由以上等式可知，s 和 t 都是 p 的倍数。因为 s 和 t 都有共同的质因数 p，所以这与 $s \perp t$ 相矛盾。因此可以得出结论：$\frac{s+t}{2}$ 和 $\frac{s-t}{2}$ 互质。

$f^2 = 2 \cdot \frac{s+t}{2} \cdot \frac{s-t}{2}$，$\frac{s+t}{2}$ 和 $\frac{s-t}{2}$ 中有一方是偶数，$\frac{s+t}{2}$ 和 $\frac{s-t}{2}$ 还是互质的……因为没有共同的质因数，所以一方为偶数的话，另一方就为奇数。

这就意味着，像往常一样考虑分配质因数的话……偶数是 "$2 \times$ 平方数" 的形式，奇数则是 "奇数的平方数" 的形式。

用语言表达可能有些复杂。再导入构成 "基本粒子" s, t 的 "夸克" u, v 怎么样？设 u, v 是互质的自然数。

这样一来，"$2 \times$ 平方数" 就能写成 $2u^2$，"奇数的平方数" 就能写成 v^2 了。

$\frac{s+t}{2}$ 和 $\frac{s-t}{2}$ 中有一方是 $2u^2$，另一方是 v^2。

呼……

8.3.4 基本粒子和夸克的关系：用 u, v 表示 s, t

就快受不了像洪水一样泛滥的字母了。我又慢慢地把笔记啃了一遍，就夸克进行了一下整理。

关于 $\frac{s+t}{2}, \frac{s-t}{2}$ "基本粒子 s, t 和夸克 u, v 的关系"

- $\frac{s+t}{2}, \frac{s-t}{2}$ 是"互质"的。
- $\frac{s+t}{2}, \frac{s-t}{2}$ 中有一方是 $2u^2$，另一方是 v^2。
- u 和 v 是互质的 $(u \perp v)$。
- v 是奇数。

很好，不错不错！

不，糟了！

只有这点条件，根本分不出 $\frac{s+t}{2}$ 和 $\frac{s-t}{2}$ 里谁是 $2u^2$ 谁是 v^2。这就意味着……要**分情况讨论**。

我抱着头发愁。

情况 1：当 $\frac{s+t}{2} = 2u^2, \frac{s-t}{2} = v^2$ 时——

$$\begin{cases} s & = 2u^2 + v^2 \\ t & = 2u^2 - v^2 \end{cases}$$

情况 2：当 $\frac{s+t}{2} = v^2, \frac{s-t}{2} = 2u^2$ 时——

$$\begin{cases} s & = 2u^2 + v^2 \\ t & = -2u^2 + v^2 \end{cases}$$

变成分情况讨论了。

我呆呆地站在森林深处的分岔口处。

确实可以两条路都走。

不过，这样的话就得花两倍时间和精力了。

嗯……有没有什么好办法呢？我再一次回首向走过的路望去，看看有没有忘掉哪个关系式。

嗯？

m 呢？完全没有用到在"原子和基本粒子的关系"里出现的 $m = e^2$ 啊。m 应该和基本粒子 s, t 相关联才对啊！嗯……将关系式

$$\begin{cases} m + n & = s^2 \\ m - n & = t^2 \end{cases}$$

左右两边分别相加再除以 2，可得

$$m = \frac{s^2 + t^2}{2}$$

由此，可得出下式。

$$e^2 = m = \frac{s^2 + t^2}{2}$$

也就是说，下式成立。

$$e^2 = \frac{s^2 + t^2}{2}$$

很好，将 s 和 t 分别平方后再相加，就可以把情况 1 和 2 总结成一个式子了！这样就避免了分情况讨论！

$$
\begin{aligned}
e^2 &= \frac{s^2 + t^2}{2} && \text{上面的等式} \\
e^2 &= \frac{(2u^2 + v^2)^2 + (2u^2 - v^2)^2}{2} && \text{用 } u, v \text{ 表示 } s, t \\
e^2 &= 4u^4 + v^4 && \text{计算后}
\end{aligned}
$$

哇！整理出了一个相当简单的等式，这就是基本粒子 e 和夸克 u, v 的关系式。不错不错……

诶？话说回来，我高兴个什么劲儿啊？

怎么能因为成功变形了几个等式就高兴呢！我想要的是——找出矛盾。

接下来会出现矛盾吗？

"基本粒子 e 和夸克 u, v 的关系"（接下来会出现矛盾吗？）

$$e^2 = 4u^4 + v^4$$

- $u \perp v$
- v 是奇数

嗯，虽然很不甘心，但已经困得不行了。

今天就到这里吧……

8.4　尤里的灵感

8.4.1　房间

"嗨～"是尤里的声音。

第二天是周六，下午尤里又来了我的房间。

我头也不回地"嗯"了一声，继续专心趴在桌子上算我的题。

"诶，人家这么可爱，哥哥你看都不看一眼就随便嗯一声吗？"

"嗯。"

"好过分哦！——我说哥哥，你在干什么呢？"尤里从我身后探着身子偷看。

"算题。"

"你手都没动！"

"脑子在动。"

"诶，你嘴皮子不也动得挺利索的吗？"尤里拿话讽刺我。

"好好，遵命。"我放弃了，回过头。

尤里一如既往地梳着马尾辫，披着夹克穿着牛仔裤，衬衫口袋里插着眼镜和圆珠笔，两手叉在腰间。

"哥哥你还真是喜欢数学啊。我们去哪儿玩嘛！"

"外边很冷哦。"

"冬天当然冷了喵！"

"去逛书店？"

"诶？好吧，就这么办吧。"

8.4.2 小学

我领着尤里走在路上。

"话说，哥哥你在算些什么呢？"

我边走边把"三边皆为自然数的直角三角形的面积可能是平方数吗"的问题讲给她听。数学公式就省略不提了，只把思路大体讲了一下。"……我算来算去，得出了'基本粒子 e 和夸克 u, v 的关系'。这式子有点意思。要是能从这里导出矛盾，就能证明了。要是不能的话，只好找其他的路……目前就进行到这里。"

"喔……"

我们走到过街天桥附近的时候，尤里突然说道：

"我说哥哥，去小学吗？我们去操场玩嘛。"

"诶？可是我想去逛书店啊。"

"去嘛！"

"唉,好吧。"

过了过街天桥就是小学。正门虽然关着,从后门还是可以进操场的。

操场里停着一辆不算很大的卡车,对面是供低年级学生使用的游乐设施,有秋千、攀吊架、正十二面体线框形状的旋转游乐设施,还有滑梯。寒冬的周六午后,冷飕飕的操场上没有一个人。不过,真令人怀念啊。

"哥哥,听了你的话,我想到一点,这个卡片要问的是'是否存在'对吧?"

"是啊。"

"那不就是'让我们证明不存在'吗?"

尤里说完跑去了秋千那边。

"诶?"我追了过去。

"咦?这秋千原来这么小啊。"

尤里站在秋千上,荡来荡去。

我也坐在了旁边的秋千上。确实很小啊。

"尤里你的意思是说,我判断错了?"我问道,"你的意思是,存在面积是平方数的直角三角形?"

"诶?说什么?人家听不到。"尤里用力荡着秋千。

的确,村木老师的卡片问的是"是否存在"。我直接举例确认的直角三角形只有几个。说不定真的存在面积是平方数的直角三角形呢。嗯,不能否定这种可能性。但是……如果,这种三角形存在的话……就根本没法'证明它不存在'!昨晚我想的一切可能都白费了……

这真不好办啊……

"哥——哥——"

不知什么时候尤里已经跑到了滑梯上,站在顶端向我招着手。

"耶!好高啊!"尤里轻快地从滑梯上滑下来,"啊,不过没想到这么短,速度也上不去。"

"能量从开始的最高位置……"

"是是是，我知道哥哥你是学物理的！"

8.4.3 自动贩卖机

玩了一阵子后尤里抱怨口渴，我们就从后门出去，在路边的自动贩卖机那里买了两份热柠檬汁，并排坐在长椅上。

"给你。"

"谢谢！——啊，好烫！"

尤里两手捧着果汁，抬头看着我支支吾吾地说道：

"哥哥……对不起喵。"

"有什么对不起的？"

"你在学习，我却非要把你拉出来。"

"现在还道什么歉啊……没什么的，正好我也能换换心情。"

"刚才你说的'基本粒子和什么的关系'，是什么样的关系啊？啊，没有笔记本不好解释啊。"

"笔记本虽然放家里了，不过我带着小本子呢。咦？没有笔呀。"

"笔我倒是有。——诶，你还记得吗？"

"当然了，就是这个式子。"

$$e^2 = 4u^4 + v^4$$

"唔……为什么会觉得这式子有点意思？"

"因为我总感觉它不算简单，却也不复杂。"

"也就是说，男人的直觉吗？"

"那是啥啊……总之，现在重要的是琢磨这个数学公式。不过可能已经走到死胡同了。"

确实，我试过把 $e^2 = 4u^4 + v^4$ 变形成 $e^2 - 4u^4 = v^4$，再变成 $(e + 2u^2)$

$(e - 2u^2) = v^4$ 这样乘积的形式，可到这里就怎么都进展不下去了……

"哥哥在找数学公式的'真实的样子'喵？"

"诶？"我看向尤里。

"《银河铁道之夜》那本书里写过吧？"

"究竟是什么东西，你们知道吗？"

"啊，没错。"

"哥哥，再让人家好好看看。"

"好。"我把小本子递给尤里。

尤里目不转睛地盯着上面的数学公式。

"我说哥哥……"

"嗯？"

"这个式子啊，把左右两边互换一下，总觉得……"

"嗯。"

然后——

尤里的下一句话——

对我而言，仿佛神之启示。

"不是很像勾股定理吗？"

诶？

勾股定理？

$$4u^4 + v^4 = e^2$$

确实很像！

我在小本子上写起来。运用指数运算法则将其变形成平方的形式，如下所示。

$$(2u^2)^2 + (v^2)^2 = e^2$$

如下定义 A_1, B_1, C_1。

$$A_1 = 2u^2, \ B_1 = v^2, \ C_1 = e$$

则下式成立。

$$A_1^2 + B_1^2 = C_1^2$$

等等，这次漫漫长旅的出发点也是勾股定理啊。我飞快地搜索着脑海中的记忆。对，出发点……写了那么多次，已经不可能忘了。

$$A^2 + B^2 = C^2, \quad AB = 2D^2, \quad A \perp B$$

难道说也能用 $A_1 B_1 = 2D_1^2$ 定义 D_1 吗？确实，因为 $A_1 = 2u^2$，$B_1 = v^2$，所以存在下式。

$$A_1 B_1 = (2u^2)(v^2) = 2(uv)^2$$

得到

$$D_1 = uv$$

这样就得到下式。

$$A_1 B_1 = 2D_1^2$$

嗯……那么，以下关系成立吗？

$$A_1 \perp B_1$$

嗯，成立……吧。因为 $u \perp v$，v 是奇数。

虽然变量不同——

但能构成和出发点形式完全一样的数学公式。

旅途的出发点和导出的数学公式

$$A^2 + B^2 = C^2 \qquad AB = 2D^2 \quad A \perp B \qquad 旅途的出发点$$

$$A_1^2 + B_1^2 = C_1^2 \quad A_1 B_1 = 2D_1^2 \quad A_1 \perp B_1 \qquad 导出的数学公式$$

这有什么含义？

难道我只是在一个地方不停地打转吗？

转来转去……旋转。

转来转去……绕圈。

圆环和周期性。

直线和无限性。

无限？不！不可能是无限的！

"哥哥？"

"别说话。"

出发点 A, B, C, D 大小应该只有"分子"的级别。我把它们"分解"成了"原子 m, n""基本粒子 e, f, s, t""夸克 u, v"这些微结构。因为 $C_1 = e$，所以 C_1 也属于"基本粒子"的范畴。所以……说不定 C_1 比"分子"级别的 C 要小？

这样的话……

唔。

果然我该把笔记本带来。

"尤里，回家了。"

"诶？"

尤里还在一脸迷茫，我就急忙拽着她往家跑了。

"哥哥，你慢点啊！"

"不好意思，麻烦快点。"

如果 $C > C_1$ 成立……

如果成立的话……

到家。

我飞奔进自己的房间。

打开笔记本，翻着笔记。

在哪里，在哪里……有了！

因为出现的数字都是自然数……所以……嗯，成立。

- 因为 $C = m^2 + n^2$，所以 $C > m$。
- 因为 $m = e^2$，所以 $m \geqslant e$。

这些条件再加上 $C_1 = e$，就得出 $C > m \geqslant e = C_1$。也就是说——

$$C > C_1$$

成立。

将 A, B, C, D 这些自然数"分解"，就可以创造出 A_1, B_1, C_1, D_1 这些自然数。而且，既然存在和出发点形式相同的关系式，且此关系式成立，就能通过无限重复相同的"分解"来创造 $C_1, C_2, C_3, \cdots$。

也就是说，

$$C > C_1 > C_2 > C_3 > \cdots > C_k > \cdots$$

C_k 会无限缩小。——不过这是不可能的。因为不可能把自然数无限缩小。是存在最小自然数的，那就是 1。

$$C > C_1 > C_2 > C_3 > \cdots > C_k > \cdots > 1$$

这样不就能导出矛盾了吗！

因为自然数不能无限缩小，所以在 $C > C_1 > C_2 > C_3 > \cdots$ 这个连锁中，应该存在自然数 C_k，可以说 C_k 是最小的自然数。

推导出的命题：C_k 是最小的自然数。

但是如上所述，可以构成比 C_k 更小的自然数 C_{k+1}。也就是说——

推导出的命题：C_k 不是最小的自然数。

矛盾！

根据反证法，三边皆为自然数的直角三角形，其面积不构成平方数。

证明成功。

尤里一直在一旁无聊地看着书，我摸了摸她的头。

"尤里！我成功了！"

"啊？啊？什么什么？什么成功了？人家不懂喵！真是的，不要弄乱人家头发嘛！"

解答 8-2

不存在满足下式的自然数 A, B, C, D。

$$A^2 + B^2 = C^2, \quad AB = 2D^2, \quad A \perp B$$

解答 8-1

不存在三边皆为自然数，面积为平方数的直角三角形。

旅行地图

要证明的命题：面积不是平方数

↓ 反证法：假设原命题的否定成立

假设：面积是平方数

↓ "用数学公式思考"

抛开直角三角形，用 a, b, c 思考

↓ "互质"

用 A, B, C 思考 "分子"

↓ 基本勾股数的一般形式

用 m, n 表示 A, B, C, D "毕达哥拉·榨汁机"

↓ "通过分解质因数来表示整数的构造"

用 e, f, s, t 表示 m, n "原子和基本粒子的关系"

↓ "两数之和乘以两数之差等于平方差"

用 $s + t$ 和 $s - t$ 表示 f "基本粒子间的关系"

↓ "通过分解质因数来表示整数的构造"

用 u, v 表示 e "基本粒子和夸克的关系"

↓ 导出矛盾

创造相同形式的 A_1, B_1, C_1, D_1，得到 $C > C_1$

↓

矛盾

↓

假设不成立

↓

证明结束：面积不是平方数

8.5 米尔嘉的证明

8.5.1 备战

"呼……"泰朵拉深深地叹了一口气,"学长,证明过程太长了,而且字母还这么多……"

周一放学后,我在图书室里跟泰朵拉讲如何证明"不存在三边皆为自然数,面积为平方数的直角三角形"。

"人家一下子就折服了……不过,学长你用的武器又是我有的呢……"

- 基本勾股数的一般形式
- 互质
- 两数之和乘以两数之差等于平方差
- 积的形式
- 奇偶性
- 最大公约数
- 分解质因数
- 反证法
- 矛盾

"就算这样,人家还是没能解开。虽然做到了基本勾股数的一般形式这一步,但是没能想到'互质',而且人家走到一半,就连存在互质这个条件都忘光了……"

"我的证明过程确实很长,不过我之前走了比这长好几倍的弯路,试过式子变形,也读过好多遍笔记,想着能不能发现什么。算着算着也算错过,发现算错了就从错的地方改过来……就这样一遍又一遍,刚开始'基本勾股数的一般形式'还是泰朵拉你提醒我的呢。"

"学长,你怎么知道该往哪边走啊?"

"我也不知道。变量间的关系是渐渐明晰的，不可能从一开始就看破。所以我只能尝试着去算。首先要前进，然后看着前方出现的式子，再考虑下一步。难就难在最后的最后，怎样才能构成同样形式的数学公式那里。这样才能推导出矛盾。最后还是我表妹尤里给我提了个醒……"

"不是很像勾股定理吗？"

"我已经很明白怎么把图形问题转换到数学公式上了，但是好不容易转换到数学公式上了，不能往前走就没有意义了呢……要是不能习惯对付数学公式，就不能拿它当有效的武器来运用了……"

"没错，泰朵拉。的确是这么回事。绝对有必要自己实际动手，练习写数学公式。"

泰朵拉像是在整理思路般，不紧不慢地说着：

"我觉得……在课堂上学的数学，跟学长学姐们一起做的数学很不一样。课堂上学的数学很无聊乏味，跟学长学姐们一起研究的数学感觉却很生动有趣……不过可能是我搞错了。课堂上的数学就像武器的基本用法，像是剑道里的挥剑练习和手枪的试射一样，所以会觉得枯燥又无聊。不过要是不扎实地打好这部分基础，一旦开战，就会掉链子了。"

泰朵拉一脸认真，说到"挥剑练习"的时候却可爱地摆了个挥剑的姿势，说到"手枪试射"的时候则眯起一只眼瞄准我。

规规矩矩地做着手势的小女生。

8.5.2 米尔嘉

"有趣的问题？"米尔嘉将两手撑在桌子上。绷带已经摘了。

"啊，米尔嘉学姐，你好！学长在给我讲证明题，讲的是怎么证明不存在三边都是自然数，面积是平方数的直角三角形。换言之，我们可以把它叫作'面积不能构成平方数的直角三角形定理'吧。"

"不是'换言之',本来就是这么回事。"我苦笑道。

我们跟米尔嘉简单讲了一下证明过程后,米尔嘉谈到了**无穷递降法**。

"无穷递降法?"还有名字啊。

"对,这是费马的拿手好戏。首先创造一个关于自然数的数学公式,然后将这个数学公式转换成有着同样形式的另一个数学公式。此时关键在于式子中要含有逐渐减小的自然数。重复同样的转换步骤,自然数就会越来越小,只要不断重复转换,自然数就会无限减小……但话说回来,自然数存在最小值,自然数不可能无穷递降。由此可以推导出矛盾。也可以把这个证明方法想成反证法或者数学归纳法的特殊形式。费马创造了无穷递降法——"

米尔嘉说到一半突然停了,唰地闭上了眼。一瞬间周围的气氛来了个一百八十度大转弯,弥漫着某种巨大的物体要诞生了的感觉。

沉默。

几秒后,黑发才女点着头,睁开了眼睛,眼中闪着睿智的光芒。

"喔……原来如此。那么我就借这什么'面积不能构成平方数的直角三角形定理'来初步证明给你们看看吧。"

"初步证明……什么啊?"

"费马大定理。"米尔嘉说道。

"啊?"

她又说出了这么惊人的话……

"我来初步证明费马大定理。不过只证明四次方的情况。"米尔嘉说着拿出卡片,轻轻地放在桌上,"村木老师最近也太沉迷于出题了吧?总之,用反证法来证明。"

◎   ◎   ◎

问题8-3　（费马大定理：四次方的情况）

证明下面的方程式不存在自然数解。

$$x^4 + y^4 = z^4$$

总之，用反证法证明。

要证明的命题是"$x^4 + y^4 = z^4$ 不存在自然数解"。我们假设原命题的否定——"$x^4 + y^4 = z^4$ 存在自然数解"，然后来推导矛盾。

反证法的假设："$x^4 + y^4 = z^4$ 存在自然数解。"

设自然数解 $(x, y, z) = (a, b, c)$。虽然可以假设它们两两互质，但也不一定非要这样假设。

a, b, c 满足下式。

$$a^4 + b^4 = c^4$$

接下来，像下面这样用 a, c 来定义 m, n。

$$\begin{cases} m & = c^2 \\ n & = a^2 \end{cases}$$

再像下面这样用 m, n 定义 A, B, C。

$$\begin{cases} A & = m^2 - n^2 \\ B & = 2mn \\ C & = m^2 + n^2 \end{cases}$$

根据这个定义，用 a, b, c 来表示 A, B, C。

$$
\begin{aligned}
A &= m^2 - n^2 && \text{根据 } A \text{ 的定义} \\
&= (c^2)^2 - (a^2)^2 && \text{根据 } m, n \text{ 的定义} \\
&= c^4 - a^4 && \text{计算} \\
B &= 2mn && \text{根据 } B \text{ 的定义} \\
&= 2c^2 a^2 && \text{根据 } m, n \text{ 的定义} \\
C &= m^2 + n^2 && \text{根据 } C \text{ 的定义} \\
&= (c^2)^2 + (a^2)^2 && \text{根据 } m, n \text{ 的定义} \\
&= c^4 + a^4 && \text{计算可得}
\end{aligned}
$$

得到 $(A, B, C) = (c^4 - a^4, 2c^2 a^2, c^4 + a^4)$。因为 a, b, c 是自然数，且 $c > a$，所以 A, B, C 也是自然数。

下面来计算 $A^2 + B^2$。

$$
\begin{aligned}
A^2 + B^2 &= (c^4 - a^4)^2 + (2c^2 a^2)^2 && \text{代入 } A = c^4 - a^4, B = 2c^2 a^2 \\
&= (c^8 - 2c^4 a^4 + a^8) + (2c^2 a^2)^2 && \text{展开 } (c^4 - a^4)^2 \\
&= (c^8 - 2c^4 a^4 + a^8) + 4c^4 a^4 && \text{展开 } (2c^2 a^2)^2 \\
&= c^8 + 2c^4 a^4 + a^8 && \text{计算} \\
&= (c^4 + a^4)^2 && \text{因数分解} \\
&= C^2 && \text{根据 } C = c^4 + a^4
\end{aligned}
$$

由此，A, B, C 就变成了满足下式的一组自然数。

$$
A^2 + B^2 = C^2
$$

即 A, B, C 为构成直角三角形三边的自然数，C 是斜边。那么，来想想这个直角三角形的面积吧。

$$\text{面积} = \frac{AB}{2} \qquad \text{直角三角形的面积}$$

$$= \frac{(c^4 - a^4)(2c^2a^2)}{2} \qquad \text{代入 } A = c^4 - a^4, B = 2c^2a^2$$

$$= (c^4 - a^4)c^2a^2 \qquad \text{分子分母同时除以 2}$$

另外，由 $a^4 + b^4 = c^4$ 这个等式可以得出 $c^4 - a^4$ 等于 b^4。我们利用这个条件，继续求直角三角形的面积。

$$\text{面积} = \frac{AB}{2} \qquad \text{直角三角形的面积}$$

$$= (c^4 - a^4)c^2a^2 \qquad \text{之前计算的结果}$$

$$= b^4c^2a^2 \qquad \text{用 } b^4 \text{ 替换 } c^4 - a^4$$

$$= a^2b^4c^2 \qquad \text{调整顺序}$$

$$= (ab^2c)^2 \qquad \text{构成平方数的形式}$$

所以这个三角形的面积为平方数。用 D 替换 ab^2c 就清楚了，如下所示。

$$\frac{AB}{2} = D^2$$

由此可以推导出如下命题：

"存在三边皆为自然数，面积为平方数的直角三角形。"

另一方面，由"面积不构成平方数的直角三角形定理"可知如下命题成立。

"不存在三边皆为自然数，面积为平方数的直角三角形。"

这就构成了矛盾。因此由反证法可知：

"$x^4 + y^4 = z^4$ 不存在自然数解。"

这样就证明了费马大定理——虽然只证明了四次方的情况。

好了，这样我们的工作就告一段落了。

解答8-3 （费马大定理：四次方的情况）

采用反证法。

1. 假设 $x^4 + y^4 = z^4$ 存在自然数解。
2. 假设这个解 (x, y, z) 等于 (a, b, c)。
3. 令 $m = c^2, n = a^2$。
4. 令 $A = m^2 - n^2, B = 2mn, C = m^2 + n^2$。
5. 令 $D = ab^2c$。
6. 于是，存在 $A^2 + B^2 = C^2, \frac{AB}{2} = D^2$。
7. 这与解答 8-1 相矛盾。
8. 因此，$x^4 + y^4 = z^4$ 不存在自然数解。

8.5.3 就差填上最后一块拼图

"我们的工作就告一段落了。"米尔嘉一脸满足地说道。

"居然这么简单就证明出来了……"我感叹道。

"因为有你的证明啊。正因为跟你证明的命题相悖，我才能推导出矛盾。我做的只是填上最后一块拼图。"

米尔嘉笑眯眯地说着。

"感觉好了不起啊……"泰朵拉说道，"用反证法的话，只要制造跟已被证明的命题相矛盾的命题就可以了呢……"

泰朵拉全神贯注，准备自己再证明一遍米尔嘉的证明。

"这张卡片是村木老师给你的？"我问道。

"对。刚刚我顺路去办公室的时候拿到的。"

真是有意思的证明。泰朵拉的卡片上写的是关于"直角三角形的面积"的问题。用她那张卡片上的问题得出的结论，居然能证明 FLT(4)。

我们通过数学公式，将直角三角形的图形世界和 FLT(4) 连接在了一起。各个命题并不是散乱的小星星，而是像星座那样在某处相连……

"对了。"米尔嘉说道，"村木老师问我们去不去冬季的公开研讨会。"

"公开研讨会是什么？"泰朵拉抬起头。

"在大学举办的面向公众的研讨会。"我答道，"也就是讲座。村木老师每次都推荐我们参加。去年我和米尔嘉还有都宫，我们三个人去的。看来今年也是 12 月份举办啊。"

"人家也想去！"泰朵拉举起双手，"啊……不过既然要听讲，是不是会有考试啊？"

"没有没有。"我说，"任何人都可以参加，所以不用担心。话说回来，今年是什么主题？"

"费马大定理。"米尔嘉答道。

然后终于由此得出无限持续，

满足同一条件并逐渐缩小的自然数。

但这是不可能的。

因为不存在无限缩小的自然数列。

——《费马大定理》[9]

第9章

最美的数学公式

柯贝内拉抓起一把洁净美丽的沙子，

在手掌里摊开，用手指沙沙地翻动。

"这些沙子都是水晶，每粒水晶里面都有一小股火焰在燃烧。"

他梦呓般地说。

——宫泽贤治《银河铁道之夜》

9.1 最美的数学公式

9.1.1 欧拉的式子

"哥哥，哥哥！"

又是一个周末，外面寒风阵阵，房间里却暖洋洋的很是舒心。

尤里方才还在安静地看书，不知怎的忽然站了起来。

我把视线从笔记本上移开，尤里边摘眼镜，边对我露出带有深意的笑容。

"我说哥哥，你知道'最美的数学公式'吗？"

"知道啊，欧拉的式子，$e^{i\pi} = -1$ 是吧？"

"最美的数学公式"（欧拉的式子）

$$e^{i\pi} = -1$$

"喊，你为什么会知道啊。"尤里的脸上写着两个大字——"无聊"。

"因为很有名啊，只要是理科生都知道。"

"是吗？话说这个数学公式是什么意思啊？"

"什么是什么意思？"

"你看，勾股定理的话就有'直角三角形三边的关系'，这个欧拉的式子呢？"

"说的也是……"用一句话很难讲明白啊。

"比如说，e 是什么？"

"是自然对数的底，是个著名的常数。e = 2.71828⋯ 它是个无理数。"

"没听说过。那个，$e^{i\pi}$ 的 i 是 $i^2 = -1$ 对吧？"

"对，i 是虚数单位。"

"π 是圆周率 3.14⋯？"

"对，π = 3.14159265358979⋯ 是个无限不循环的无理数。"

"唔……我最不明白的是 e 的 iπ 次方。"

$$e^{i\pi} \quad （什么意思？）$$

"嗯，确实。"

"大家都明白这个数学公式的意思吗？人家不懂啊！"尤里将双臂交叉在胸前，"很奇怪不是吗？要是 2^3 我就明白。二的三次方，连续乘 3 个 2 就好啦，e 也一样，再怎么复杂的数字终究还是数字啊。不过 iπ 次方是怎么回事？难道乘 iπ 个 e 吗？我不明白。"

"说的也是。"

"说什么'最美的数学公式'，我还以为是什么样的呢，可是人家看了这个 $e^{i\pi} = -1$ 的式子也完全不明白什么意思。没法说它'美'喵！"

我不知怎的，竟然觉得有些高兴。

"尤里真聪明啊……"我想要摸摸她的头，尤里却拨开了我的手。

"我说……别随随便便摸女孩子头发！"

"好好……我们平常看到 2^3 就会想到'连续乘 3 个 2'对吧。但是为了理解欧拉的公式，我们必须把这个想法远远抛开。这个嘛……因为 $e^{i\pi} = -1$ 这个式子属于'欧拉的公式'的特殊情况，所以可能先学欧拉的公式会比较好。"

"那就教给人家嘛！把 e 乘 $i\pi$ 次有意义吗？"

"虽然需要转换一下思维，不过还是很有意义的。想听吗？"

"嗯！不过人家也能明白吗？"

"能明白的。只要稍微降低一下严谨度，过程应该不是很难。"

我走到房间中央的小桌子前坐下，翻开了笔记本。尤里在我旁边扑通坐了下来。

我妈敲了敲门走了进来，满脸忍俊不禁。

"不好意思打搅你们学习了，有位可爱的'跟踪狂'从刚才开始就在大门前走来走去。是不是你的朋友啊？"

跟踪狂？

我打开大门，只见一个小个子女生在门口慌乱地踱来踱去。

是泰朵拉。

9.1.2 欧拉的公式

我们回到了我的房间。

小小的桌前，围坐着我、尤里还有泰朵拉。我妈拿来了红茶和蛋糕。

"冻坏了吧，别客气，当自己家就行。"

"您您您您您太客气了。"

泰朵拉舌头都打结了，紧张得不行。

"对对对对对不起，我没想来学长家里打扰学长，只是偶然路过……"

"没什么，刚刚我在跟尤里一起研究数学呢。"

"好久不见，泰朵拉。"尤里打了个招呼。

对哦，她们俩从尤里动完手术出院以后就没见过了。

两个人互相对视了一阵子，不一会儿，深深地向对方行了个礼。

喂喂……

"学长在解题吗？"泰朵拉问我。

"我在解释欧拉的公式……这就是欧拉的公式。"

◎　　◎　　◎

欧拉的公式 (指数函数和三角函数)

$$e^{i\theta} = \cos\theta + i\sin\theta$$

这就是欧拉的公式。首先忘记虚数单位 i，先试着看看这个式子。这个式子左边是指数函数，右边却是三角函数。

指数函数是急剧增大的函数。

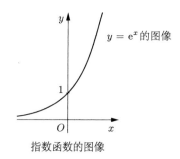

指数函数的图像

三角函数是波状图像。

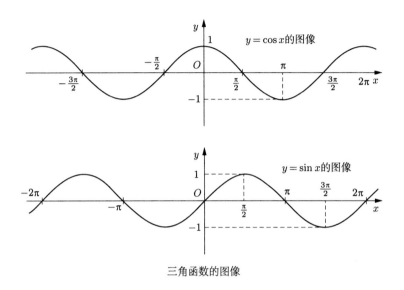

三角函数的图像

在欧拉的公式中，指数函数和三角函数这两个具有截然不同性质的函数居然被用等号连接了起来。真是奇妙啊。

首先，先说一下能从欧拉的公式推导出欧拉的式子好了。先把欧拉的公式写在这里。

$$e^{i\theta} = \cos\theta + i\sin\theta$$

将圆周率 π 代入公式，替换公式中的变量 θ。

$$e^{i\pi} = \cos\pi + i\sin\pi$$

看之前 $y = \cos x$ 的图像就能得到 $\cos\pi$ 的值了。因为当 $x = \pi$ 时 $y = -1$，所以 $\cos\pi = -1$，由此我们可以得到以下式子。

$$e^{i\pi} = -1 + i\sin\pi$$

看 $y = \sin x$ 的图像就能得到 $\sin \pi$ 的值。因为当 $x = \pi$ 时 $y = 0$，所以 $\sin \pi = 0$。

$$e^{i\pi} = -1 + i \times 0$$

最后，我们用 $i \times 0 = 0$ 这个条件。看，得出了欧拉的式子。

$$e^{i\pi} = -1$$

也就是说，"最美的数学公式"指的是欧拉的公式中 $\theta = \pi$ 时的情况。

◎　　　◎　　　◎

"我说哥哥……等一下嘛，欧拉的公式中出现欧拉的式子这点人家能明白，可是人家还是中学生，怎么会明白指数函数和三角函数什么的嘛！"

"是是。"

泰朵拉微笑着看着我和尤里。

"哥哥，话说回来，$\sin x$ 不是 $\sin$ 乘以 x 吗？"

"呃，不是。$\sin x$ 是个函数。加个括号写成 $\sin(x)$ 应该更好理解吧。知道了 x 的值，就知道了与之相对应的 $\sin x$ 的值。这就是函数。打个比方，$\sin 0$ 的值是 0。意思是当 $x = 0$ 时，$\sin x = 0$。你看 $y = \sin x$ 的图像，是通过 $(x, y) = (0, 0)$ 这一点吧。"

"嗯。"

"同理，当 $x = \frac{\pi}{2}$ 时，$\sin x = 1$，当 $x = \pi$ 时，$\sin x = 0$。从图像看得出来吧？"

"嗯……这个是叫正弦曲线吧？"

"没错。满足 $y = \sin x$ 的点 (x, y) 的集合就构成正弦曲线。"

"人家明白了啦。"

"那尤里，$\cos \pi$ 的值是多少？"

"不知道。"

"喂喂，看看图像啊！"

"啊，这样啊。嗯……cos 这边是吧。当 x 等于 π 时，纵坐标位于曲线下面啊。是 -1 吧？是吧，$\cos\pi = -1$。"

"嗯，答对了。尤里你明白了啊。"

"所以人家都！说！了！人家明白了啦！话说回来，人家问的是 $e^{i\pi}$ 啊！"

"是是。"

我跟尤里你一句我一句地说着，泰朵拉则静静地喝着红茶。总觉得她跟平时有些不同，似乎在享受这种氛围般，微微地笑着。

"这房间给人一种很安心的感觉呢。"

9.1.3　指数运算法则

"那我们脱离欧拉的公式，先从基础的地方开始理解。如果有什么不明白的，尤里和泰朵拉都可以打断我。在看到 2^3（二的三次方）这个数学公式时，我们已经自然而然地会想到**指数**，即位于 2 右上方的小 3，它表达的是'乘以 2 的个数'。"

$$2^3 = \underbrace{2 \times 2 \times 2}_{\text{乘以 3 个 2}}$$

"诶，这个弄错了吧?"尤里问道。

"不，没弄错，百分百正确。如果指数是 $1, 2, 3, 4, \cdots$ 的话，也可以将指数表达为'乘以的个数'。当然，当指数为 1 的时候实际上不能构成乘法运算，这个不用我说吧。"

$$2^1 = \underbrace{\quad 2 \quad}_{\text{乘以 1 个 2}}$$

"嗯。我明白。"尤里回答。泰朵拉也点头。

"那么当指数为 0 时会如何呢？2^0 等于多少？"我问道。

"等于 0 吧。"尤里回答。

"应该等于 1 吧？"泰朵拉回答。

"泰朵拉回答正确。2^0 是等于 1 的。"

$$2^0 = 1$$

"诶？为什么？明明乘以 0 个，为什么不是 0 啊？"

"泰朵拉你能解释一下为什么 $2^0 = 1$ 吗？"

"嗯？让我来解释吗？不好意思，我说不好。"

"这么想就能理解了，像 $2^4, 2^3, 2^2, 2^1, 2^0$ 这样，把指数逐次减去 1，这样一来计算结果会有怎样的变化呢？"

$$2^4 = 2 \times 2 \times 2 \times 2 = 16$$
$$2^3 = 2 \times 2 \times 2 = 8$$
$$2^2 = 2 \times 2 = 4$$
$$2^1 = 2 = 2$$
$$2^0 = ?$$

"$16 \rightarrow 8 \rightarrow 4 \rightarrow 2$，每次都会变成原来的一半呢。"

"对，如果从 2^n 的指数 n 减去 1，那么 2^n 的值就会变成原来的二分之一。如果我们从 2^1 的指数中减去 1，那么 2^0 会变成什么，按照相容性就不用我说了吧。"

"因为是 2 的一半所以……啊，得 1! 原来 $2^0 = 1$ 啊。"

"是啊。所以我们确定 $2^0 = 1$。"

"嗯……不过感觉有点不能接受喵。"

"我也是。听着听着就越来越不明白了。就像尤里说的那样，总觉得乘以 0 个得 1……很别扭。感觉像是硬加上去的结论……"

"喂喂，你们的思路又回到'乘以的个数'上面去了。我说，只要把指数理解成'乘以的个数'，就不可能理解了。即使理解了，也会觉得是没理也要辩三分，硬加上去的。只要思维还停留在'乘以的个数'这里，就没法逃出自然数的束缚。也就是说，虽然能明白 $1, 2, 3, 4, \cdots$ 这样的具体例子，但是像 0 和 -1 这样一脱离自然数，就会弄不清楚了。"

"尤里能明白 0 个哦！就是'没有'嘛。"

"不过说到'乘以 0 个'你就搞不清楚了吧。"

"这个嘛，是这样没错……"

"而且，要是说到 -1 个你该怎么办呢？"

"-1 个就是借了 1 个嘛，就是这么回事喵。"

"嗯，这种'解释'在某些情况下是对的。"我点头，"但是希望尤里你能明白，'解释'也是有限度的。0.5 个呢？π 个怎么办？i 个呢？$i\pi$ 个是什么意思？对吧。"

"这样啊……一开始人家就问的这个啊。"

"嗯，所以说，只在自然数的情况下，我们才用'乘以的个数'来思考指数。我们不去强行解释 0 个和 -1 个的情况，不用'乘以的个数'来定义指数，而是用'数学公式'来定义。我们要站在这个立场去想问题。"

"用数学公式来定义？"泰朵拉和尤里同时提出了疑问。

"对。现在我们要定义 2^x 的含义。我们把指数按下面这样定义，使其满足**指数运算法则**。"

指数运算法则

$$\begin{cases} 2^1 & = 2 \\ 2^s \times 2^t & = 2^{s+t} \\ (2^s)^t & = 2^{st} \end{cases}$$

"一般情况下也可以用正数 $a > 0$ 解释指数运算法则，不过举出具体数字更容易思考，所以我用 2 来解释。"

"学长，在讲之前我有个问题……"泰朵拉举起手，"2^3 的 3 叫作'指数'是吧，那么 2^3 的 2 叫什么呢？"

"叫作'**底**'，也叫'**底数**'。"

"泰朵拉你很在乎叫什么吗？"尤里问道。

"嗯，非常在乎。这么重要却叫不出名字，心里岂不是很没底吗？能叫出名字，不就安心了吗。尤里你不这么觉得吗？"

"嗯，是这样吗……"

一直觉得泰朵拉在平时都是一个手忙脚乱的妹妹角色，这么跟尤里待在一起一对比，感觉她一下沉静成熟了许多……

"哥哥！继续继续！继续讲怎么用指数运算法则定义指数！"

"比如说我们要研究 2^0 的值，指数满足指数运算法则。

$$2^s \times 2^t = 2^{s+t}$$

所以，在指数运算法则中代入 $s = 1, t = 0$，这个等式也成立。不成立就难办喽。"

$$2^1 \times 2^0 = 2^{1+0}$$

"哦……然后呢？"

"计算右边的指数 $1 + 0 = 1$，则存在以下等式。

$$2^1 \times 2^0 = 2^1$$

由指数运算法则我们可知 2^1 的值，$2^1 = 2$。因此可得到如下等式。

$$2 \times 2^0 = 2$$

在等式两边同时除以 2 的话，2^0 的值就确定为 1 了。"

$$2^0=1$$

"等一下等一下！"尤里说道，"刚才我们干了什么？没把指数想成'乘以的个数'，直接用指数运算法则定义……吗？"

"没错。"

"原来如此……"泰朵拉点头，"看着指数运算法则，想办法让指数中出现 0，然后由 2^1 的值确定 2^0 的值……"

"就是这样。你们已经成功脱离'乘以几个 2'的想法了，我们以指数运算法则为基础确定了要求的值。"

"我想起来了……"泰朵拉说道，"原来听过 $2^{\frac{1}{2}}$ 等于 $\sqrt{2}$。要遵守相容性对吧。严格按照指数运算法则算出 0 次方。"

泰朵拉看上去理解得很透彻了。

而尤里却在抱怨。

"哥哥，刚刚泰朵拉说的我也懂，可是就是接受不了了喵……刚刚代入了 $s=1,t=0$ 吧，可是就这样随便想个值好吗？用别的 s,t 会不会得出别的值呢……嗯，我说不好……"

我举起手，示意尤里停一停。

"感觉真敏锐啊……没事，我明白你想说什么。你想问指数运算法则究竟有没有满足相容性是吧。'定义指数，使其满足指数运算法则'这点没什么问题，但是不是适用于所有指数呢？数学上将这种严格适用于所有情况的定义称为良定义，英文是 well-defined。"

"well-defined。"尤里重复了一遍。

"数学领域中要定义什么的时候，必须证明这个定义是良定义。不能随便创造法则，随便定义概念。这样就失去相容性了。虽然现在还没有证明，但指数运算法则是良定义。"

跟她们讲着良定义，我想起了米尔嘉说过的话。

"无矛盾性是存在的基石。"

无矛盾性吗……我刚刚表达为"相容"。这不就是无矛盾性吗？同样运用指数运算法则，如果 2^0 的值一会儿是 1，一会儿是 0，这就矛盾了。可以断言，像这样具有矛盾的法则中不能存在 2^0 这个概念。原来如此……的确，"无矛盾性是存在的基石"。

"Is the term 'well-defined' well-defined?"泰朵拉问道。

"什么？"

"良定义这个概念是良定义的吗……"

"泰朵拉……你到底是何人？"

9.1.4 -1 次方，$\frac{1}{2}$ 次方

"我说，是不是也可以算负数次方啊？"尤里问道。

"我们试试看吧。嗯……假如让 $s = 1, t = -1$……"

"不嘛，让人家来！根据指数运算法则对吧……"

$$2^s \times 2^t = 2^{s+t} \qquad 指数运算法则$$
$$2^1 \times 2^{-1} = 2^{1+(-1)} \qquad 代入 \ s = 1, t = -1$$
$$2^1 \times 2^{-1} = 2^0 \qquad 计算 \ 1 + (-1) = 0$$
$$2 \times 2^{-1} = 1 \qquad 因为 \ 2^1 = 2, 2^0 = 1$$
$$2^{-1} = \frac{1}{2} \qquad 等式左右两边同时除以 2$$

"解出来啦！原来 $2^{-1} = \frac{1}{2}$ 啊。"

"嗯，解出来了。"我说。

"学长，这下关于所有的整数 $n = \cdots, -3, -2, -1, 0, 1, 2, \cdots$，$2^n$ 的值都确定了对吧。"

"诶？为什么啊？"

"因为根据指数运算法则，乘以 2^1 指数就相应地加上 1，乘以 2^{-1} 指数就相应地减去 1。"

"啊，这样啊。之后只要重复就好了。"尤里点头。

"没错。运用指数运算法则，不仅可以算整数的次方，还能算有理数的次方哦。打个比方，我们来算一下 $2^{\frac{1}{2}}$ 的值。"

$$(2^s)^t = 2^{st} \qquad 指数运算法则$$
$$\left(2^{\frac{1}{2}}\right)^2 = 2^{\frac{1}{2} \cdot 2} \qquad 代入\ s = \frac{1}{2}, t = 2$$
$$\left(2^{\frac{1}{2}}\right)^2 = 2^1 \qquad 计算\ \frac{1}{2} \cdot 2 = 1$$
$$\left(2^{\frac{1}{2}}\right)^2 = 2 \qquad 计算\ 2^1 = 2$$
$$2^{\frac{1}{2}} = \sqrt{2} \qquad 两边同时开平方$$

"对对，$\frac{1}{2}$ 次方是平方根呢。"泰朵拉说道。

"嗯……最后那里好像有点奇怪吧？"尤里问道。

"嗯，我没解释到位，尤里你居然注意到了……"

"什么奇怪啊？"泰朵拉重新看了一遍式子。

"这个嘛，在求平方根那里。"尤里说道。

"对，在求平方根的时候，必须说明 $2^{\frac{1}{2}} > 0$。因为平方得 2 的数有 $+\sqrt{2}$ 和 $-\sqrt{2}$ 两个数字。"

"哎呀呀……居然还有条件挡着呢！"泰朵拉说道。

9.1.5 指数函数

"我们的目的是查明欧拉的公式，所以下面稍微加快点速度，从 e^x 的微分方程来思考指数函数。"

"微分方程？"尤里问道。

e^x 的微分方程

$$\begin{cases} e^0 & = 1 \\ (e^x)' & = e^x \quad \text{"求微分后形式也相同"} \end{cases}$$

"我们假设指数函数是满足以上这样的微分方程的函数。"

"哥哥你一口一个微分方程,人家听都没听过。"

"嗯,说的是啊,不过你等一下,即使不理解微分方程,只要明白这个式子的形式就可以了……为了求指数函数的具体形式,我们像下面这样,把指数函数写成**幂级数**的形式。"

$$e^x = a_0 + a_1 x + a_2 x^2 + a_3 x^3 + \cdots$$

"又出来新词了……幂级数?"

"词是很难,不过你只看数学公式就行了。

- a_0 指的是 x 的 0 次方项,系数是 a_0。
- $a_1 x$ 指的是 x 的 1 次方项,系数是 a_1。
- $a_2 x^2$ 指的是 x 的 2 次方项,系数是 a_2……

然后,我们把 x 的 0 次方项、1 次方项、2 次方项……这些项无限相加,把这个相加的式子称为幂级数。我就是想用幂级数的形式表示指数函数。"

"这能行吗?"

"这个……尤里你这话真犀利啊,不是什么函数都能用幂级数来表示的。但是关于这点我们先……省略。"

"唔……好吧,就放你一马。"

"求微分是从函数创造函数的一种方法。用 prime (′) 这个符号。关于微分，现在我们只需要考虑两条法则：第一条法则是，常数的微分结果等于 0；另一条法则是，x^k 的微分结果等于 kx^{k-1}。刚才我说的两条法则可以像下面这样用数学公式表达。

$$\begin{cases} (a)' & = 0 \\ \left(x^k\right)' & = kx^{k-1} \end{cases}$$

接着，我们试着把这两条法则应用到刚才的'指数函数的幂级数'上面。"（其实必须证明微分算子的线性法则和对于幂级数的可适用性，不过在此就省略了。）

"那个……泰朵拉你明白这些吧？"

"嗯，原来做过一些这方面的题。"

"哇塞！"

$$\mathrm{e}^x = a_0 + a_1 x + a_2 x^2 + a_3 x^3 + \cdots \qquad \text{指数函数的幂级数}$$
$$(\mathrm{e}^x)' = \left(a_0 + a_1 x + a_2 x^2 + a_3 x^3 + \cdots\right)' \qquad \text{对等式两边求微分}$$
$$(\mathrm{e}^x)' = 0 + 1a_1 + 2a_2 x + 3a_3 x^2 + \cdots \qquad \text{计算右边式子}$$

"'求微分后形式也相同'指的就是指数函数的微分方程。也就是说，等式 $(\mathrm{e}^x)' = \mathrm{e}^x$ 成立。我们把两边都换成幂级数的形式看看。

$$(\mathrm{e}^x)' = \mathrm{e}^x$$
$$1a_1 + 2a_2 x + 3a_3 x^2 + \cdots = a_0 + a_1 x + a_2 x^2 + a_3 x^3 + \cdots$$

这样比较一下等式两边的系数，就可以得到以下等式。"

$$\begin{cases} 1a_1 & = a_0 \\ 2a_2 & = a_1 \\ 3a_3 & = a_2 \\ \quad\quad \vdots \\ ka_k & = a_{k-1} \\ \quad\quad \vdots \end{cases}$$

"把它们稍微变个形式，就可以写成以下这样。

$$\begin{cases} a_1 & = \frac{a_0}{1} \\ a_2 & = \frac{a_1}{2} \\ a_3 & = \frac{a_2}{3} \\ \quad\quad \vdots \\ a_k & = \frac{a_{k-1}}{k} \\ \quad\quad \vdots \end{cases}$$

好好看一下这些等式，确定了 a_0 的值，a_1 的值也就确定了。确定了 a_1 的值，然后 a_2 的值也就确定了……就像这样，跟多米诺骨牌一样一个个确定值。那么 a_0 是什么？实际上考虑一下 e^x 的幂级数，就不难确定 a_0 的值了。

$$e^x = a_0 + a_1 x + a_2 x^2 + a_3 x^3 + \cdots$$

代入 $x = 0$，就可以消去 $a_1 x + a_2 x^2 + a_3 x^3 + \cdots$ 中含有 x 的部分了。因为我们已知在微分方程中 $e^0 = 1$，所以……

$$e^0 = a_0 + a_1 \cdot 0 + a_2 \cdot 0^2 + a_3 \cdot 0^3 + \cdots$$
$$1 = a_0$$

也就是说 $a_0 = 1$。既然确定了 a_0⋯⋯"

$$\begin{cases} a_1 & = \frac{a_0}{1} = \frac{1}{1} \\[2mm] a_2 & = \frac{a_1}{2} = \frac{1}{2 \cdot 1} \\[2mm] a_3 & = \frac{a_2}{3} = \frac{1}{3 \cdot 2 \cdot 1} \\[1mm] & \quad \vdots \\[1mm] a_k & = \frac{a_{k-1}}{k} = \frac{1}{k \cdots 3 \cdot 2 \cdot 1} \\[1mm] & \quad \vdots \end{cases}$$

$$e^x = 1 + \frac{x}{1} + \frac{x^2}{2 \cdot 1} + \frac{x^3}{3 \cdot 2 \cdot 1} + \cdots$$

"因为在这里 $k \cdots 3 \cdot 2 \cdot 1$ 可以用阶乘表示为 $k!$，所以可得以下等式。

$$e^x = +\frac{x^0}{0!} + \frac{x^1}{1!} + \frac{x^2}{2!} + \frac{x^3}{3!} + \cdots$$

这是将指数函数 e^x 泰勒展开得到的幂级数。在此，我们明确写出 x^0 和 x^1 的指数和前面的符号 $+$，再把 $0!$ 看作 1，用简明易懂的形式表示出来。"

> **指数函数 e^x 的泰勒展开**
>
> $$e^x = +\frac{x^0}{0!} + \frac{x^1}{1!} + \frac{x^2}{2!} + \frac{x^3}{3!} + \cdots$$

9.1.6 遵守数学公式

"那么，接下来到指数函数的高潮部分喽。"

"喔?"

"刚才我们丢掉了'指数表示的是乘以的个数'这个概念对吧，取而代之，我们把它理解成遵守指数运算法则这个数学公式的数字。从数学公式具有的相容性出发，延伸指数的含义。这次我们再重复一遍刚才的工作，也就是说利用数学公式来定义指数函数。怎么办呢？我们把刚才的泰勒展开——

$$\mathrm{e}^x = +\frac{x^0}{0!} + \frac{x^1}{1!} + \frac{x^2}{2!} + \frac{x^3}{3!} + \cdots$$

进行'指数函数定义'。"

"咦？人家不太明白呢。我说哥哥，不是之前有过指数函数，我们已经把它泰勒展开了吗？"

"对。确实是这样。不过在泰勒展开的时候，指数函数 e^x 的 x 毕竟还在实数范围内。现在我们想在指数函数 e^x 的 x 里加入复数，所以要利用泰勒展开得到的幂级数这种数学公式的形式，来定义指数函数。"

"喔？"

"还记得欧拉的公式左边是什么样子吧？

$$\mathrm{e}^{\mathrm{i}\theta}$$

对吧？为了求出 $\mathrm{e}^{\mathrm{i}\theta}$，我们在指数函数的幂级数中代入 $x = \mathrm{i}\theta$。这可以说是出于对数学公式的信任而进行的'大胆的代入'。

$$\mathrm{e}^x = +\frac{x^0}{0!} + \frac{x^1}{1!} + \frac{x^2}{2!} + \frac{x^3}{3!} + \cdots$$

$$\mathrm{e}^{\mathrm{i}\theta} = +\frac{(\mathrm{i}\theta)^0}{0!} + \frac{(\mathrm{i}\theta)^1}{1!} + \frac{(\mathrm{i}\theta)^2}{2!} + \frac{(\mathrm{i}\theta)^3}{3!} + \cdots$$

代入 $x = \mathrm{i}\theta$，再利用 $\mathrm{i}^2 = -1$，则 $1 \to \mathrm{i} \to -1 \to -\mathrm{i} \to$ 的循环就派上大用场了……"

"啊啊啊啊啊啊啊！"泰朵拉沉默了好一会儿，突然爆发了。

"咋了咋了咋了?!"尤里也跟着大叫起来。

"什么事啊?!"我妈赶过来了。

为什么连老妈都过来了啊……

"对不起对不起，没什么。我只是有点吃惊……"泰朵拉红了脸。

9.1.7 向三角函数架起桥梁

"泰朵拉，什么让你那么吃惊啊？"尤里问道。

"我知道 $\cos\theta$ 和 $\sin\theta$ 的泰勒展开。"

"不愧是高中生。"

"不，只是学长……私下有教过我。"

尤里一瞬间露出了不开心的表情，不过马上就恢复了原样。

"$\cos\theta$ 和 $\sin\theta$ 的泰勒展开是什么样子的？"

"是这样的。"

$\cos\theta$ 的泰勒展开

$$\cos\theta = +\frac{\theta^0}{0!} - \frac{\theta^2}{2!} + \frac{\theta^4}{4!} - \frac{\theta^6}{6!} + \cdots$$

$\sin\theta$ 的泰勒展开

$$\sin\theta = +\frac{\theta^1}{1!} - \frac{\theta^3}{3!} + \frac{\theta^5}{5!} - \frac{\theta^7}{7!} + \cdots$$

"喔？然后呢？"尤里问道。

"尤里你不觉得很吃惊吗？"

"为什么要吃惊啊？"

"因为欧拉的公式不是已经出来了吗？"

"诶？"

"你看，$\cos\theta$ 是 $0, 2, 4, 6, \cdots$ 这样，只出现了偶数对吧。而 $\sin\theta$ 是

$1, 3, 5, 7, \cdots$ 这样，只有奇数对吧？"

尤里似乎还不太明白。

"就是这样。"我说，"泰朵拉先注意到了。总之，先好好看看指数函数 e^x 和三角函数 $\sin\theta, \cos\theta$ 的泰勒展开，然后欧拉的公式就会出来了。"

"诶？光用说的人家怎么能明白嘛，要写出来解释给人家听嘛～"

"好好……"

◎　　◎　　◎

好好……那么首先写出 e^x 的泰勒展开。

$$\mathrm{e}^x = +\frac{x^0}{0!} + \frac{x^1}{1!} + \frac{x^2}{2!} + \frac{x^3}{3!} + \frac{x^4}{4!} + \frac{x^5}{5!} + \cdots$$

然后，代入 $x = \mathrm{i}\theta$（大胆地代入）。

$$\mathrm{e}^{\mathrm{i}\theta} = +\frac{(\mathrm{i}\theta)^0}{0!} + \frac{(\mathrm{i}\theta)^1}{1!} + \frac{(\mathrm{i}\theta)^2}{2!} + \frac{(\mathrm{i}\theta)^3}{3!} + \frac{(\mathrm{i}\theta)^4}{4!} + \frac{(\mathrm{i}\theta)^5}{5!} + \cdots$$

计算 $(\mathrm{i}\theta)^k = \mathrm{i}^k \theta^k$。

$$\mathrm{e}^{\mathrm{i}\theta} = +\frac{\mathrm{i}^0 \theta^0}{0!} + \frac{\mathrm{i}^1 \theta^1}{1!} + \frac{\mathrm{i}^2 \theta^2}{2!} + \frac{\mathrm{i}^3 \theta^3}{3!} + \frac{\mathrm{i}^4 \theta^4}{4!} + \frac{\mathrm{i}^5 \theta^5}{5!} + \cdots$$

然后利用 $\mathrm{i}^2 = -1$，只留下奇数次的 i。这时也得注意符号。

$$\mathrm{e}^{\mathrm{i}\theta} = +\frac{\theta^0}{0!} + \frac{\mathrm{i}\theta^1}{1!} - \frac{\theta^2}{2!} - \frac{\mathrm{i}\theta^3}{3!} + \frac{\theta^4}{4!} + \frac{\mathrm{i}\theta^5}{5!} - \cdots$$

接下来把 θ 的偶数次项和奇数次项分开罗列。

$$\begin{cases} \theta\text{的偶数次项} = +\dfrac{\theta^0}{0!} - \dfrac{\theta^2}{2!} + \dfrac{\theta^4}{4!} - \cdots \\[2mm] \theta\text{的奇数次项} = +\dfrac{\mathrm{i}\theta^1}{1!} - \dfrac{\mathrm{i}\theta^3}{3!} + \dfrac{\mathrm{i}\theta^5}{5!} - \cdots \end{cases}$$

明白了吗？在指数函数 e^x 的幂级数中代入 $x = \mathrm{i}\theta$，然后就把 θ 的偶

数次项和奇数次项分开了。显然和泰朵拉写的三角函数的泰勒展开一对比就明白，"θ 的偶数次项"是 $\cos\theta$ 的泰勒展开，而"θ 的奇数次项"是在 $\sin\theta$ 的泰勒展开中乘了一个 i。把它们加在一起，欧拉的公式就出来了。

$$
\begin{aligned}
e^{i\theta} &= +\frac{\theta^0}{0!} + \frac{i\theta^1}{1!} - \frac{\theta^2}{2!} - \frac{i\theta^3}{3!} + \frac{\theta^4}{4!} + \frac{i\theta^5}{5!} - \cdots \\
&= \left(+\frac{\theta^0}{0!} - \frac{\theta^2}{2!} + \frac{\theta^4}{4!} - \cdots \right) \qquad \text{括号中是 } \cos\theta \\
&\quad + i\left(+\frac{\theta^1}{1!} - \frac{\theta^3}{3!} + \frac{\theta^5}{5!} - \cdots \right) \qquad \text{括号中是 } \sin\theta \\
&= \cos\theta + i\sin\theta
\end{aligned}
$$

虽然略去了很多需要严谨讨论的部分，不过总算完成了。如何，尤里？

◎　　◎　　◎

"如何，尤里？"

"嗯……"尤里皱着眉头认真地思考着，"我说哥哥，这次讲的欧拉的公式，人家还没有完全明白。就这样突然跳到指数函数、三角函数、微分方程太难了啦。人家感觉脑子都快炸了啦。"

尤里双手盘在胸前，继续说着。

"不过啊，也有人家能明白的部分，就是 $e^{i\pi}$ 的意思。在听哥哥讲以前我都一直觉得，$i\pi$ 次方肯定没有意义！因为我一直认为指数就是'乘以的个数'。是泰朵拉说的吧，没理也要辩三分，硬加上去的。不过听哥哥用幂级数讲过以后，人家才明白自己之前都错了。这不是硬加上去的，不是用'乘以的个数'来定义指数，而是用指数运算法则这个数学公式来定义。还有，指数函数 e^x 也是用幂级数这个数学公式定义的。"

尤里用力地点了好几次头，马尾辫配合着头部的摆动摇晃着。

"尤里真聪明！居然能明白这么多！"我忍不住赞叹。

"学长，刚才尤里一说我也感觉到了。"泰朵拉说道，"用指数运算法则定义，还有用幂级数定义，学长都非常重视数学公式呢。"

"嗯，就是这样。可以说是'信赖数学公式'。"

"还有学长……我觉得幂级数特别厉害。居然能把像指数函数和三角函数这样看上去完全没有联系的事物联系在一起。这也可以说是很大程度上的同等看待吧。幂级数在指数函数和三角函数之间架起了桥梁。"

"确实如此。"我表示同意，"虚数单位 i 也很有趣。光是知道 $i^2 = -1$，像这样列出

$$i^0, i^1, i^2, i^3, i^4, i^5, i^6, i^7, \cdots$$

就会得到 $1, i, -1, -i$ 的循环。

$$1, i, -1, -i, 1, i, -1, -i, \cdots$$

这正好与'形成90°旋转，周期为4''$x^4 = 1$ 的解变成 $x = 1, i, -1, -i$''三角函数的微分周期变成4'……这些条件相呼应。"

"原来如此……"泰朵拉露出佩服的表情。

"我们也从几何层面考虑看看吧。在复平面上画一个以原点为中心的单位圆……"

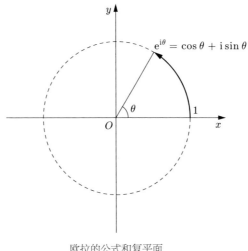

欧拉的公式和复平面

"将辐角设为 θ，这样一来这个单位圆上的点就对应 $\cos\theta + i\sin\theta$ 这个复数。根据欧拉的公式 $e^{i\theta} = \cos\theta + i\sin\theta$，可以确定圆上的点与复数 $e^{i\theta}$ 对应。也就是说，'最美的数学公式'——欧拉的式子 $e^{i\pi} = -1$ 包含了

'单位圆上，辐角为 π 的复数等于 -1'

这个含义。这就是尤里之前的问题的答案，即'欧拉的式子的含义'。"

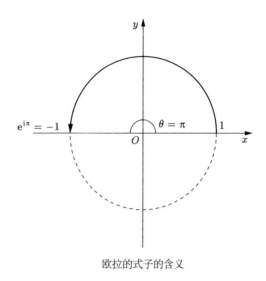

欧拉的式子的含义

"学长……也就是说，欧拉的公式就是'面朝右的人向后转，就会面朝左'是吗？"泰朵拉左右摇着头说道。

"这个嘛，可以这么说……"我不禁苦笑。

"嗯……感觉好像明白了，我明白这是有道理的了……"尤里说道。

这时，我妈从门口探出了脸。

"孩子们，先休息一下，过来喝个茶再学怎么样？"

"知道了，这就去。"

"我等你们哦。"说着我妈缩回了身子。

回到单位圆。

"然后，把 θ 持续增大，与复数 $e^{i\theta}$ 相对应的点就会在单位圆上来回旋转。每当角度 θ 增加 $360°$，也就是增加 2π 弧度的时候，点会转回到同一个地方，也就是说有周期性。我们试试用数学公式来证明！"

$$
\begin{aligned}
e^{i(\theta+2\pi)} &= e^{i\theta+2\pi i} && \text{展开 } i(\theta+2\pi) \\
&= e^{i\theta} \cdot e^{2\pi i} && \text{根据指数运算法则} \\
&= e^{i\theta} \cdot (\cos 2\pi + i\sin 2\pi) && \text{根据欧拉的公式} \\
&= e^{i\theta} \cdot (1 + i \times 0) && \text{根据 } \cos 2\pi = 1, \sin 2\pi = 0 \\
&= e^{i\theta} && \text{根据 } 1 + i \times 0 = 1
\end{aligned}
$$

"看，确认了周期性。辐角 $\theta+2\pi$ 的复数等于辐角 θ 的复数。"

"感觉全部都相关联呢……"泰朵拉说道。

"我说哥哥！虽然人家刚刚才学，这么说可能有点太自以为是了……或许欧拉的式子 $e^{i\pi}=-1$ 很美，不过我更喜欢欧拉的公式。

$$e^{i\theta} = \cos\theta + i\sin\theta$$

嗯，我非常喜欢欧拉的公式。虽然人家还不太理解，不过这一行数学公式中居然包含了这么多美丽的东西。欧拉真是了不起喵！"

"嗯，是很了不起。"我表示赞同。

"我说尤里，跟哥哥道个谢吧？"

"说的是啊，谢谢哥哥。"

"多谢学长经常教我们数学。"

"没什么没什么，你们经常听我讲，我才要谢谢你们。"

我妈又从门口探出了脸。

"你们都不过来，我这当妈的有点寂寞啊……"

"这就过去。"尤里答道。

9.2　准备庆功宴

9.2.1　音乐教室

"要不就去你家吧。"盈盈说道。

可爱的跟踪狂泰朵拉跑到我家的第二个礼拜，我、米尔嘉、泰朵拉还有盈盈放学后在音乐教室商量期末考试结束后的"庆功宴"。话虽这么说，也就是计划吃点好吃的，聊聊天而已……

盈盈先开了口。

"我打算和米尔嘉庆祝，不过看你朋友很少，你也来吧，还有泰朵拉也一起。"

"看我朋友很少……你真是想说什么说什么啊。我来也行，不过为啥在我家开庆功宴？"

"不要在意这些细节！没啥没啥，大家都说你妈很温柔的，而且有我们这么多美少女做客，你妈也会很高兴。再说了，你家还有架不错的钢琴吧。"

"钢琴很重要吗？"

"我盈盈要去，必然要有钢琴喽。"

庆功宴还带上父母算怎么回事啊……

"说定喽。"米尔嘉说道。

"嗯……那，我去征得父母同意。"感觉我这个当事人还没有发表意见事情就被定下来了……不过算了，"参加的人有我、米尔嘉和盈盈，还有泰朵拉我们四个人是吧？"

"尤里呢？"泰朵拉问道。

"就她一个初中生，会不会觉得孤单啊？"我说。

"跟她说让她带男朋友来呢？"

"她怎么可能有男朋友，她还在上初中呢。"

"谁知道有没有啊，你是她监护人吗？"

泰朵拉从书包里拿出了带着"M"字母挂件的铅笔盒，还有充满梦幻色彩的日程本。

"糟了……我周日不方便。抱歉。"

"那就改到周六吧。"米尔嘉一锤定音。

"我说泰朵拉，这挂件的 M……"

我话说到一半……我问什么好呢？

"M 是谁的名字的首字母？"

太没大脑了吧，我干嘛在乎这个啊……

"M？啊，你说这个呀……学长，只是少了 I。"

泰朵拉微笑。

（只是少了爱？）

难道是她男朋友名字的首字母吗……

"不明白吗？"

9.2.2 自己家

"开庆功宴？当然非常欢迎！"

我妈听完突然就干劲十足了。

"做什么菜好呢，太老套了不好吧，做宴会常吃的披萨？不过垃圾食品也不好啊……"

"我说老妈，我们有个地方开庆功宴就够了。"

"我会准备好材料的，大家一起做手卷寿司怎么样？还是一起凑点钱来个豪华版的？"

"老妈你听我说话没有？我们打算各自带吃的过来。"

"那个会弹钢琴的盈盈也来吧？她会给咱们弹好多曲子听吧？对了，
得先调好音吧。好期待啊！"

为啥老妈会这么兴奋？

$$e^{i\pi} = -1$$

这个式子作为媒介，

将数学界最著名且最有用的两个常量"欧拉数"和"圆周率"

与"虚数"结合了。

这的确是一个令人惊异的式子，是"宝石"。

这世界上的任何钻石、任何祖母绿都无法与其相提并论。

——吉田武，《虚数的情绪》[15]

第10章
费马大定理

也就是说，我们大家就生活在天河的河水之中。
从天河的水中向周围观看，便会发现，
就像水越深越显得湛蓝一样，
天河底越是深远，星星聚集得就越密，
因此看上去白茫茫的。
——宫泽贤治《银河铁道之夜》

10.1 公开研讨会

"哥哥……我不明白啊。"
"学长……我不懂。"
"米尔嘉……你明白吗？"
"真有趣。"

现在是 12 月，商家们正火热地开展着各种圣诞节促销活动，我们远离了激烈的商业竞争，过来参加大学的"公开研讨会"。研讨会是我们高中的村木老师介绍的，主题是"费马大定理"。会场设在大学讲堂，面向约 200 名社会各界听众，由大学老师讲授。跟我一起参加研讨会的有米尔嘉、泰朵拉，还有……尤里。

"哥哥！尤里也想去！"

"这对你来说太难了。"虽然我跟她谈了，但是她根本听不进去。

她好像很高兴能见到米尔嘉。算了，尤里虽然上初二，也应该能听懂点吧……我轻率地想。

话说回来，很难明白这个研讨会上为什么把怀尔斯的证明讲得飞快。别说尤里了，连我都完全听不懂，会场的听众们应该也跟不上吧。不过我也确实受了些熏陶……

研讨会结束后，我们去了大学园区里的食堂吃午饭。因为是周六，没多少大学生，倒是随处可见来参加研讨会的其他学校的一帮一帮的高中生。

我在学园祭的时候来过校园园区里。那时因为太吵，感觉对大学的美好憧憬都幻灭了，不过今天就截然不同了。校园里很安静，在去讲堂的路上透过窗户还能看见研究室里的样子，里面整齐地摆放着书架和电脑。

"人家只听懂了谷山、志村、岩泽这几个日本人的名字。"尤里吃着海鲜意大利面说道，"内容很难，老师一直低着头讲，还没怎么明白就讲完了喵。"

"新的词汇就像洪水一样涌过来，根本跟不上。"泰朵拉吃着蛋包饭说道，"还没等我熟悉呢，老师就又用这个词定义了别的词……我真想说，等等，我还没跟这个词交上朋友呢。要是能让我多预习一下就好了……"

"看了大屏幕上的数学公式我就晕头转向了。"我吃着蟹肉抓饭说道，"就像泰朵拉说的，我应该事先准备好再过来的。"

"光听他讲是听不明白的。"米尔嘉吃着提拉米苏说道，"就算预习了一点也很难。不光是理解一个个的用语和数学公式，还需要理解得更透彻。

怀尔斯的证明太专业了我们听不懂。但是我们能明白，用怀尔斯的证明连接起了两个世界。老师一直低着头，只抬过一次。你们还记得吗？"

'请注意位于 **FLT** 深层的，谷山 – 志村定理。'

我对这句话深有同感。"

"米尔嘉大人！恳求您给讲解一下！用像我这样的笨蛋也能听懂的讲法！"

"尤里才不是笨蛋呢。"我跟米尔嘉异口同声地说道。

10.2 历史

10.2.1 问题

吃完饭后，我们开始倾听米尔嘉的解说。

"17 世纪的数学家费马，在他一直研究的《算术》这本书的空白处留下了一个问题，就是所谓的'费马大定理'。"

费马大定理

当 $n \geqslant 3$ 时，以下方程式不存在自然数解。

$$x^n + y^n = z^n$$

"他以书面形式表达了和这个数学公式同样的内容，并在空白处写下了一句著名的话。"

> 我确信已发现了一种美妙的证法,
>
> 可惜这里空白的地方太小,写不下。

"然后,费马并没有写出证明方法。"米尔嘉说道,"既然他都这么暗示了,当然也就有很多数学爱好者跃跃欲试。话说回来,为什么后人会知道费马在书中空白处写下的私人笔记?"

"这么一说,也是啊。"泰朵拉歪着头,满脸写着不可思议四个大字。

"这要归功于费马的儿子山缪。"米尔嘉说道,"他重印了带有费马笔记的《算术》,让险些消失的'费马大定理'复活了。写这本《算术》的是3世纪左右的数学家丢番图。17世纪的巴歇将这本书翻译成了希腊语和拉丁语。费马学习了巴歇版的《算术》,并写下了笔记。山缪重印的是丢番图著,巴歇译,写有费马笔记的《算术》。"

"这样啊……"我说,"从3世纪的丢番图,到巴歇,再到17世纪的费马,然后通过山缪传到更远的未来。数学穿越时空流传后世啊……"

"然后,再传给现代的我们。简直就像数学的接力呢。"泰朵拉做了一个接住接力棒的手势。

"然后数学家们就开始了长达三个半世纪的挑战。"米尔嘉开始缓慢地讲述历史,"首先是17世纪。"

10.2.2　初等数论的时代

17世纪是**初等数论的时代**。因为费马大定理是一个涉及"所有的 n"的命题,所以想一次证明出来太难了。因此数学家们想就个别的 n 进行证明。

最初,费马自己证明了 $\mathrm{FLT}(4)$,使用的工具是无穷递降法。这么说来，之前我们也用"面积不构成平方数的直角三角形定理"证明过 FLT(4) 呢。

进入 18 世纪。欧拉老师证明了 FLT(3)。

在 19 世纪，狄利克雷证明了 FLT(5)，勒让德补充了狄利克雷的证明。然而拉梅证明了 FLT(7) 以后，就后继无人了。因为证明过程太过复杂了。

那个时代人们使用的武器有倍数、约数、最大公约数、质数、互质，还有无穷递降法。

◎   ◎   ◎

"先从具体例子开始解啊……"泰朵拉说道。

"跟我们解题的时候一样，按照'从特殊到一般'的顺序。"

"原来如此。"

"新时代是从……"米尔嘉继续往下说道，"苏菲·姬曼开始的。那是在 19 世纪。"

10.2.3 代数数论时代

19 世纪是**代数数论时代**。1825 年，苏菲·姬曼在 FLT 的通解上取得了成果。她证明了"如果 p 和 $2p+1$ 都为奇质数，则 $x^p + y^p = z^p$ 不存在自然数解。此时 $xyz \not\equiv 0 \pmod{p}$"这个定理。

1847 年，拉梅和柯西开始竞相证明"费马大定理"。当时关键在于粉碎 $x^p + y^p = z^p$，在复数领域进行因式分解。

$$x^p + y^p = (x + \alpha^0 y)(x + \alpha^1 y)(x + \alpha^2 y) \cdots (x + \alpha^{p-1} y) = z^p$$

在此 α 是 $\alpha = e^{\frac{2\pi i}{p}}$ 这个复数。因为由欧拉的公式可知 $\alpha = \cos \frac{2\pi}{p} + i \sin \frac{2\pi}{p}$，所以 α 的绝对值是 1，辐角是 $\frac{2\pi}{p}$。也就是说，α 是 1 的 p 次方根之一。根据整数和 α，用一般的加法和乘法创造出的环 $\mathbb{Z}[\alpha]$ 就是一种整数环。

$$\mathbb{Z}[\alpha] = \{a_0\alpha^0 + a_1\alpha^1 + a_2\alpha^2 + \cdots + a_{p-1}\alpha^{p-1} \mid a_k \in \mathbb{Z}, \alpha = \mathrm{e}^{\frac{2\pi i}{p}}\}$$

他们想在整数环 $\mathbb{Z}[\alpha]$ 的基础上将 $x^p + y^p$ 分解质因数，使因子 $(x + \alpha^k y)$ 之间互质，各因子是"p 次方数"，带进无穷递降法里。然而他们失败了。因为——

　　整数环中不一定满足"质因数分解的唯一分解定理"这个条件。

如果不满足质因数分解的唯一分解定理，那么即使 p 次方数的各因子互质，各因子也不一定是 p 次方数。库默尔指出了这一点，争论得以结束。整数环中，"质因数分解的唯一分解定理"就此消亡。

　　为了打破这个僵局，库默尔提出了**理想数**这个概念，戴德金以集合的形式将其整理为"**理想**"概念。"理想"概念有"理想"公理，就像数字一样，其计算得到了定义。"理想"具有的最重要的性质——当然是质因数分解的唯一分解定理。根据"理想"，"质因数分解的唯一分解定理"复活了。库默尔证明了对于"正规质数"，费马大定理是成立的。

　　19 世纪结束。自费马写下那段话后，已经过去了 250 年。

◎　　◎　　◎

　　"费马大定理就是这样被证明的啊！"泰朵拉在胸前握紧双拳说道。

　　"然而，并不是。"

　　"诶？诶诶诶？"

　　"库默尔的代数数论结出了丰硕的果实。"米尔嘉说道，"怀尔斯的证明中，代数数论还是基本的工具。然而由于代数数论的直接扩张，费马大定理没有得到证明。我们继续讲几何数论时代吧。那是在 20 世纪，在日本。"

10.2.4 几何数论时代

那是在 20 世纪，在日本。1955 年，也就是第二次世界大战结束十年后，数学国际会议于日本召开。**谷山 – 志村猜想**也是在那个时候诞生的。渐渐地，谷山 – 志村猜想成为了连接"椭圆曲线"和"自守形式"（模形式）两个世界的巨大桥梁。如何将这个猜想转变为定理成为了数论领域的重要课题。但很明显，这是一个巨大的难题。但是谁都没注意到，这个数论领域的重要课题于费马大定理也是一个重要课题。

1985 年，弗赖提出了一个让人眼前一亮的观点。假设"费马大定理不成立"，就能创造出一个跟谷山 – 志村猜想相矛盾的反例。这样就在费马大定理与谷山 – 志村猜想间建立了联系。话虽这么说，这也只是把一个难题归结到另一个难题上，问题并没有变简单。

而挑战了这个难题的人是**怀尔斯**。他在自己家中独自一人进行了长达七年的研究。其间他一直在大学授课，但没人知道他一直在挑战费马大定理。

1993 年，怀尔斯声明他证明了费马大定理。然而证明有缺陷，但他继续挑战，终于在 1994 年跟泰勒一起修正了缺陷，完全证明了费马大定理。

◎   ◎   ◎

米尔嘉很快地结束了讲解。讲历史的话题很让她心急吧。

"我想谈谈数学。"米尔嘉看着我。

"现在，拿出笔记本。"

我拿出了笔记本和自动铅笔，尤里小声说道：

"人家能先回去吗？光听历史我脑子就已经装不下了。"

米尔嘉听到这两句嘀咕，说道：

"好……我知道了，那我出个尤里你能解开的问题吧。"

10.3 怀尔斯的兴奋

10.3.1 搭乘时间机器

米尔嘉闭上眼睛，做了一次深呼吸，然后睁开眼。

"让我们乘上时间机器吧，穿越时空回到 Anno Domini 1986——公元 1986 年。在太阳系第三行星居住的人类，还没证明出费马大定理。尤里你就是怀尔斯，思考接下来应该证明什么。好了，**1986 年的景色**是这样的……"

1986 年的景色

谷山-志村猜想

【未证明】每一条椭圆曲线都可以对应一个模形式。

FLT(3)，FLT(4)，FLT(5)，FLT(7)

【已证明】当 $k = 3, 4, 5, 7$ 时，

不存在自然数 x, y, z，满足方程 $x^k + y^k = z^k$。

弗赖曲线

【已证明】如果存在 p, x, y, z 满足方程 $x^p + y^p = z^p$（x, y, z 是自然数。$p \geqslant 3$，p 为质数），那么也存在弗赖曲线。

弗赖曲线和椭圆函数的关系

【已证明】弗赖曲线是椭圆曲线的一种。

弗赖曲线和模形式的关系

【已证明】弗赖曲线不是模形式。

"这就是'1986 年的景色'。"米尔嘉说道,"标着【已证明】的,是不用自己证明就可以直接拿来用的命题。这里该尤里你出马了。"

米尔嘉看着尤里,尤里噌地一下挺直了后背。

"哪怕有不明白的用词,尤里你也能解开下面这个问题。"

问题 10-1 (搭乘时间机器)

从"1986 年的景色"出发去思考,接下来只要证明何种命题,就能证明费马大定理了呢?

10.3.2 从"1986 年的景色"发现问题

尤里用一副要哭鼻子的样子看着我,像是在求助。不过很快她就变为一脸认真的表情,把目光投向米尔嘉的问题。一边念叨着"因为反证法……"一边开始思考。

我自己马上就解开了刚才的问题。因为米尔嘉将其称为"1986 年的景色",就相当于给了一个近乎答案的,清晰明了的提示。

但尽管如此,我还是有些吃惊。

我喜欢数学公式。数学公式具体且具有相容性。解读数学公式来理解其结构,将数学公式变形来引出思路。有数学公式就能领会,没有就会感到不满足。

然而,"费马大定理"的证明实在是太难了。我完全无法理解公开研讨会上老师给我们展示的数学公式。好不甘心。

我能很顺利地追上米尔嘉在"1986 年的景色"中表明的逻辑,却跟不上数学公式。但就算这样,我也因为能追上逻辑的流向而感到喜悦。就好像即使不能探查星星,却能欣赏夜空中的星座一样吧。

在学校老师会命令我们"证明这个""证明那个",而不会告诉我们"去

298 第 10 章　费马大定理

思考一下应该证明什么"。解开老师给的问题固然很重要，然而发现应该
去解开的问题不也是很重要的吗？在交错复杂的命题森林中，找出该走
的那条小路……

　　"我明白了。"尤里的声音中透着紧张，"只要证明谷山－志村猜想，
也就是——

　　'每一条椭圆曲线都可以对应一个模形式'

这个命题，就证明了费马大定理。"

　　"理由是？"米尔嘉不给喘息机会地问道。

　　"用……反证法。"尤里谨慎地开始说明，"反证法的假设是要证明的
命题的反面……不，是要证明的命题的否定。"

　　假设："费马大定理不成立。"

　　这样一来，就存在 n, x, y, z 满足方程 $x^n + y^n = z^n$。这样一来……
咦？ p 是质数啊……啊，对对。因为 $\mathrm{FLT}(4)$ 已经得到了证明，所以
可以认为 $n \neq 4$，n 也不等于 $8, 16, 32, 64, \cdots$。也就是说，n 可以写成
$n = mp$，即 '自然数 m' 和 'n 的质因数 p，$p \geqslant 3$' 的乘积的形式。如果
存在 n, x, y, z 满足方程 $x^n + y^n = z^n$，那么根据指数运算法则，m, p 满
足以下等式。

$$(x^m)^p + (y^m)^p = (z^m)^p$$

然后……将这个 x^m, y^m, z^m 重新命名为 x, y, z 的话，就存在满足 $x^p + y^p = z^p$
的 p, x, y, z。"

　　尤里说到这里偷瞄了我一眼，我沉默地点了点头。

　　"喔，然后呢？"米尔嘉说道。

"然后，根据'1986 年的景色'——如果存在 p, x, y, z 满足方程 $x^p + y^p = z^p$，那么也存在弗赖曲线。弗赖曲线是椭圆曲线的一种，但不是模形式。所以……就存在弗赖曲线这种'非模形式的椭圆曲线'。嗯，理论上就是这样。虽然我不知道'弗赖曲线''椭圆曲线''模形式'是什么……"

推导出的命题：存在非模形式的椭圆曲线。

"到这里我用了所有的【已证明】的命题。然后现在——

假设我证明了谷山 – 志村猜想。

这样一来，就存在'每一条椭圆曲线都可以对应一个模形式'。因为每一条椭圆曲线都可以对应一个模形式，所以可以推导出下面这个命题。"

推导出的命题：不存在非模形式的椭圆曲线。

"我推导出了两种结论，即'存在'非模形式的椭圆曲线和'不存在'非模形式的椭圆曲线，它们互相矛盾。因此由反证法，否定了假设，证明了费马大定理。

假设的否定："费马大定理成立。"

所以，如上所述，只要证明了谷山 – 志村猜想，也就证明了费马大定理！"
尤里眼中闪着光芒，看着米尔嘉。
我和泰朵拉也看着米尔嘉。
米尔嘉抛了个媚眼，说了一句：
"Perfect。"

解答10-1　（搭乘时间机器）

只要证明了谷山－志村猜想，也就证明了费马大定理。

米尔嘉微微笑着，声音平静地补充道："弗赖想出了弗赖曲线，弗赖曲线给了费马大定理一个反例，而赛尔把这个猜想公式化了。黎贝证明了这个猜想。为何怀尔斯听到这个会兴奋，想必尤里你已经明白了吧。费马大定理——这是一块350多年来没人能解开的，古老的七巧板。但是这块七巧板现在也就只差一块了，而且我们已经知道，只要证明谷山-志村猜想，就能填上这一块板子。"

尤里用力地点了好几次头。

10.3.3　半稳定的椭圆曲线

"怀尔斯证明了谷山－志村猜想对吧。"泰朵拉在胸前握紧双拳说道。

"然而，并不是。"米尔嘉答道。

"咦？咦咦咦？"

"就像尤里回答的那样，如果能证明谷山－志村猜想，也就证明了费马大定理。说的没错。但实际历史不是这样的。事实上怀尔斯证明的命题是'每一条半稳定的椭圆曲线都可以对应一个模形式'。是存在'半稳定'这个限制条件的。"

米尔嘉站了起来，在我们身边走来走去，继续说着。

"为什么要加上这个限制条件呢？因为如果没有限制条件，要证明谷山－志村猜想太难了。那为什么带有限制条件也没关系呢？你明白吗？"米尔嘉把手放在了泰朵拉的肩膀上。

"这，这个……我不明白。"

"尤里你呢？"

尤里默默地想了一会，不久后一下子抬起头回答道：

"我明白了。因为弗赖曲线是半稳定的椭圆曲线吧！"

"就是这样。"米尔嘉用中指推了推眼镜，"尤里的推测很有逻辑性。怀尔斯为了使用反证法，就想证明出一个与弗赖曲线的存在相悖的命题。为什么他想证明带有半稳定这个限制条件的谷山 – 志村猜想呢？因为弗赖曲线具有半稳定的性质。于是，由他证明的最重要的定理是这个——

怀尔斯定理：每一条半稳定的椭圆曲线都可以对应一个模形式。

根据这个定理，就可以导出矛盾了。"

根据弗赖曲线：

存在不对应模形式的半稳定的椭圆曲线。

根据怀尔斯定理：

不存在不对应模形式的半稳定的椭圆曲线。

"这就构成了矛盾。根据反证法，证明完毕。费马大定理成为了真正意义上的定理。"

10.3.4 证明概要

> **"费马大定理"证明概要**
>
> 使用反证法。
>
> 1. 假设：费马大定理不成立。
>
> 2. 根据假设，可以作出弗赖曲线。
>
> 3. 弗赖曲线：虽是半稳定的椭圆曲线，但不对应模形式。
>
> 4. 即"存在不对应模形式的半稳定的椭圆曲线"。
>
> 5. 怀尔斯定理：每一条半稳定的椭圆曲线都可以对应一个模形式。
>
> 6. 即"不存在不对应模形式的半稳定的椭圆曲线"。
>
> 7. 上述第4项和第6项相矛盾。
>
> 8. 因此费马大定理成立。

米尔嘉沉默地扫视了我们一圈。

"这个'证明概要'在逻辑上是正确的，但还不够。不够也是理所当然的，因为这只不过是一个概述。我们并不明白谷山－志村猜想是什么，也不明白'椭圆曲线''弗赖曲线''模形式'等重要词语的含义。但即使不能理解怀尔斯的证明，也可以体会谷山－志村猜想吧？起码可以再向数学领域踏出一步吧？你们也这么觉得……吧？"米尔嘉问道。

我们不假思索地点了点头。

"接下来，我要以这四个题目来谈数学。

- 椭圆曲线的世界

- 自守形式的世界

- 谷山－志村定理

- 弗赖曲线

因为'谷山–志村猜想'已经在1999年被完全证明了，之后我们就称其为'谷山–志村定理'。首先，椭圆曲线指的是……啊，我们先换个地方，观众太多了。"米尔嘉说道。

刚才食堂里不少参加研讨会的高中生们围住了我们的座位，专注地听着米尔嘉讲话。

10.4 椭圆曲线的世界

10.4.1 什么是椭圆曲线

我们从食堂转移到了二楼的咖啡店，找了张能坐下四个人的大桌子，大家一起喝着咖啡(只有尤里喝着可可)，继续刚才的话题。

"尤里，你还想回去吗？"米尔嘉问道。

"我在听，不管听得懂，还是听不懂。"

"好，那么我先从定义开始讲起。椭圆曲线指的是……"

◎　　◎　　◎

椭圆曲线指的是当 a, b, c 为有理数时，可用以下方程式表示的曲线。

$$y^2 = x^3 + ax^2 + bx + c$$

但存在以下附加条件。

三次方程 $x^3 + ax^2 + bx + c = 0$ 没有重根。

这是椭圆曲线的定义，严格来说是'有理数域 $\mathbb{Q}$ 上的'椭圆曲线的定义。也就是说，我们将 x, y 考虑成有理数域 $\mathbb{Q}$ 的元素。

打个比方，以下式子是椭圆曲线的方程式。

$$y^2 = x^3 - x \qquad \text{椭圆曲线的方程式的例子}$$

在这里我们把方程式 $y^2 = x^3 + ax^2 + bx + c$ 中的 (a, b, c) 替换成了 $(0, -1, 0)$。右边的 $x^3 - x$ 可以分解成如下形式。

$$x^3 - x = (x - 0)(x - 1)(x + 1)$$

因为三次方程 $x^3 - x = 0$ 的解有三个，分别是 $x = 0, 1, -1$，且没有重根，所以满足椭圆曲线的条件。我们来画个图。

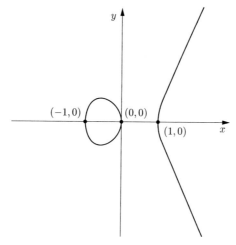

椭圆曲线 $y^2 = x^3 - x$ 的图像

◎　　◎　　◎

"左边圆圆的那个，是椭圆吗？"泰朵拉问道。

"不是。"米尔嘉答道，"'椭圆曲线'含有'椭圆'这个词，是有历史渊源的。椭圆曲线的形状和椭圆没有关系。"

10.4.2　从有理数域到有限域

接下来，我们从代数角度研究椭圆曲线 $y^2 = x^3 - x$。

我来简单说明一下数学都有哪些领域。

- 代数关注的是方程式和方程式的解，以及群、环、域等。
- 几何关注的是点、线、平面、立体、相交、相切等。
- 分析关注的是极限、微分、导函数、积分等。

当然，这些是相互关联的。例如，方程式里的"重根"虽然是代数概念，但却跟曲线'相切'的几何概念，"导函数"值为 0 的分析概念相关。

幸好我们只是体验一下谷山 – 志村定理的气氛，用不着大型武器。需要的只有**余项**、**毅力**、**想象力**。

我们刚刚为了把握椭圆曲线 $y^2 = x^3 - x$ 的样子，将三次方程 $x^3 - x$ 进行了因式分解，解了三次方程式 $x^3 - x = 0$，并得到了 $(0,0), (1,0), (-1,0)$ 这三个有理点。

存在一个有理数域 $\mathbb{Q}$，也就是存在有限个有理数域。但有理数域的元素数量是无限的。也就是说，有理数是无限的。

在这里，我们逆转一下思维，即想出无限个具有有限个元素的域。我们知道这样的域，它就是有限域。有限域 $\mathbb{F}_p$ 有 p 个元素，也就是有限个元素。但质数 p 却有无数个，所以存在无数个 $\mathbb{F}_p$。

接下来，我们要从"有理数域 $\mathbb{Q}$ 的世界"空间传送到"有限域 $\mathbb{F}_p$ 的世界"了哦。

我们从有限域 $\mathbb{F}_p$ 中找一个满足椭圆曲线方程式的点 (x, y)。

$$y^2 = x^3 - x \qquad (x, y \in \mathbb{F}_p)$$

换言之，就等于把椭圆曲线方程式看作以下这个同余式。

$$y^2 \equiv x^3 - x \qquad (\mathrm{mod}\ p)$$

关于有限域，我们简单复习一下。有限域 $\mathbb{F}_p$ 是含有 p 个元素的集合，用 mod p 进行加减乘除运算的域。

$$\mathbb{F}_p = \{0, 1, 2, \cdots, p-1\}$$

为了保证 0 以外的元素可以进行除法运算，p 为质数。如下所示，有限域 $\mathbb{F}_p$ 有无数个。

$$\mathbb{F}_2 = \{0, 1\}$$
$$\mathbb{F}_3 = \{0, 1, 2\}$$
$$\mathbb{F}_5 = \{0, 1, 2, 3, 4\}$$
$$\mathbb{F}_7 = \{0, 1, 2, 3, 4, 5, 6\}$$
$$\mathbb{F}_{11} = \{0, 1, 2, 3, 4, 5, 6, 7, 8, 9, 10\}$$
$$\vdots$$

虽然域的数量是无限的，但不要忘记每个域的元素数量是有限的。

◎　　◎　　◎

"为什么'有限个'这么重要呢？"泰朵拉问道。

"因为能逐个击破。"米尔嘉马上回答，"有限域 $\mathbb{F}_p$ 只含有 p 个元素，所以我们可以把这 p 个元素代入 x 和 y 中来进行调查。只要质数 p 不大，我们就可以动手计算，一点一点地去找寻满足椭圆方程式的点 (x, y)。"

"这需要毅力喵！"尤里叫道。

"对。"米尔嘉点头，"有限域 $\mathbb{F}_p$ 是微型的有理数域 $\mathbb{Q}$。最适合拿来玩了。那么，我们来逐个击破吧。"

10.4.3 有限域 $\mathbb{F}_2$

最简单的有限域 $\mathbb{F}_2 = \{0, 1\}$，其运算表如下。因为是域，所以有加法和乘法。我们在进行一般计算后，求除以 2 的余数（余项）。

+	0	1		×	0	1
0	0	1		0	0	0
1	1	0		1	0	1

(x, y) 可能出现以下 4 种组合。

$$(x, y) = (0, 0), (0, 1), (1, 0), (1, 1)$$

我们把这 4 种情况都代入到方程式 $y^2 + x = x^3$ 中，看等号是否成立。但在加减乘除的运算中则使用上述运算表。减法的话我们只要加上加法中的逆元就行了，不过太麻烦了，所以我们就将 x 移项，用以下形式来验证。

$$y^2 + x = x^3 \qquad （将 x 移项到等式左边，消去减法）$$

例如，当 $(x, y) = (0, 0)$ 时，将其代入 $y^2 + x = x^3$，则得到 $0^2 + 0 = 0^3$。用运算表计算的话，左边等于 0，右边也等于 0。因为左边和右边相等，所以 $\mathbb{F}_2$ 上的点 $(0,0)$ 满足方程 $y^2 = x^3 - x$。同理，我们来试着验证其他几组 (x,y)。

(x, y)	$y^2 + x = x^3$	等号成立吗?
$(0, 0)$	$0^2 + 0 = 0^3$	成立
$(1, 0)$	$0^2 + 1 = 1^3$	成立
$(0, 1)$	$1^2 + 0 = 0^3$	不成立
$(1, 1)$	$1^2 + 1 = 1^3$	不成立

这样一来，我们可知方程式 $y^2 = x^3 - x$ 在 $\mathbb{F}_2$ 上的解为以下两个。

$$(x, y) = (0, 0), (1, 0)$$

◎　　　◎　　　◎

"米尔嘉大人！在空间传送后，没有重根的条件……"

"尤里，你真聪明。"米尔嘉回应道。

"原来如此！"我突然明白了。尤里真厉害啊。

"你们发现了什么啊？"泰朵拉一脸困惑。

"尤里。"米尔嘉催促尤里开口。

"嗯。在传送之前，椭圆曲线有 $x^3 + ax^2 + bx + c = 0$ 不存在重根这个条件。但是我觉得……在传送之后，不用在有限域的世界把这个条件再研究一遍喵？"

"尤里说得对。"米尔嘉说道，"在有限域中考虑椭圆曲线的时候，应该重新审查一次条件。因为掉落到微型世界的时候，椭圆曲线可能已经不包含这个条件了。"

尤里绝不放过任何一个条件。真是这样啊。

"事实上 $\mathbb{F}_2$ 是什么情况？"我问道。

"在 $\mathbb{F}_2$ 上，$y^2 = x^3 - x$ 不构成椭圆曲线。因为 $x^3 - x$ 可以像下面这样进行因式分解。平方因子 $(x-1)^2$ 有重根。"

$$x^3 - x = (x-0)(x-1)^2 \qquad \text{在} \mathbb{F}_2 \text{上的因式分解}$$

"这个因式分解是对的吗？"泰朵拉问道。

"是对的。想想有理数域上的因式分解——

$$x^3 - x = (x-0)(x-1)(x+1) \qquad \text{在} \mathbb{Q} \text{上的因式分解}$$

在 $\mathbb{F}_2$ 上，1是自身加法中的逆元，所以'加1'就等于'减1'。也就是说，$x+1$ 可以换成 $x-1$。"

$$
\begin{aligned}
x^3 - x &= (x-0)(x-1)(x+1) &&\text{因式分解}\\
&= (x-0)(x-1)(x-1) &&\text{把} x+1 \text{换成} x-1（\text{在} \mathbb{F}_2 \text{中}）\\
&= (x-0)(x-1)^2 &&\text{整理} (x-1)
\end{aligned}
$$

"我明白了，重要的是在哪个域上进行运算吧。"泰朵拉似乎也理解了。

10.4.4　有限域 $\mathbb{F}_3$

"这次我们举有限域 $\mathbb{F}_3 = \{0, 1, 2\}$ 的例子。运算表如下。

+	0	1	2		×	0	1	2
0	0	1	2		0	0	0	0
1	1	2	0		1	0	1	2
2	2	0	1		2	0	2	1

(x, y) 一共有 9 种情况。我们把这 9 种情况都代入到方程式 $y^2 + x = x^3$ 中，看等号是否成立。"

(x, y)	$y^2 + x = x^3$	等号成立吗？
$(0, 0)$	$0^2 + 0 = 0^3$	成立
$(1, 0)$	$0^2 + 1 = 1^3$	成立
$(2, 0)$	$0^2 + 2 = 2^3$	成立
$(0, 1)$	$1^2 + 0 = 0^3$	不成立
$(1, 1)$	$1^2 + 1 = 1^3$	不成立
$(2, 1)$	$1^2 + 2 = 2^3$	不成立
$(0, 2)$	$2^2 + 0 = 0^3$	不成立
$(1, 2)$	$2^2 + 1 = 1^3$	不成立
$(2, 2)$	$2^2 + 2 = 2^3$	不成立

"这样一来，我们可知方程式 $y^2 = x^3 - x$ 在 $\mathbb{F}_3$ 上的解为以下 3 个。"

$$(x, y) = (0, 0), (1, 0), (2, 0)$$

"米尔嘉大人，在 $\mathbb{F}_3$ 上还构成椭圆曲线吗？"

"是。在方程式 $y^2 = x^3 - x$ 的情况下，只有在 $\mathbb{F}_2$ 的情况下掉落到有限域的时候才不构成椭圆曲线。说明我就省了。"

"掉落到有限域……是吗？"泰朵拉很在意用词，追问道。

"正确来说叫**约化**。将有理数域上的椭圆曲线移到有限域，称为约化。如果于质数 p 约化椭圆曲线都不会产生重根，那么这种情况就叫作'于 p 有**好的约化**'，如果产生了重根，就叫作'于 p 有**坏的约化**'。椭圆曲线 $y^2 = x^3 - x$ 于 2 有坏的约化。因为它在 $\mathbb{F}_2$ 上有重根。"

"'约化'吗……感觉像化学术语 [1] 呢。"泰朵拉说道。

"坏的约化也分好几种。于 p 约化的时候，如果重根停留在二重根的范围内，就把这条椭圆曲线称为'于 p 有**乘法约化**'，如果有三重根，则称为'于 p 有**加法约化**'。"

"好复杂喵。"

"然后，不管于什么质数约化，只存在'好的约化'和'乘法约化'这两种情况时，我们就将这条椭圆曲线称为**半稳定**的椭圆曲线。"

"诶?!"我提高了嗓门，"这就是怀尔斯证明了的那个……"

"对。这就是怀尔斯定理'每一条半稳定的椭圆曲线都可以对应一个模形式'中出现的'半稳定'的定义。半稳定的椭圆曲线指的就是不管于任何质数约化，重根数量都只停留在二重根的椭圆曲线。"

10.4.5 有限域 $\mathbb{F}_5$

有限域 $\mathbb{F}_5 = \{0, 1, 2, 3, 4\}$ 的运算表如下。

+	0	1	2	3	4
0	0	1	2	3	4
1	1	2	3	4	0
2	2	3	4	0	1
3	3	4	0	1	2
4	4	0	1	2	3

×	0	1	2	3	4
0	0	0	0	0	0
1	0	1	2	3	4
2	0	2	4	1	3
3	0	3	1	4	2
4	0	4	3	2	1

---

[1] "约化"的日语为"還元"，日语化学中也使用这个词，意思是还原。——译者注

这次我们来一个个确认 (x, y) 的 25 种情况。

(x, y)	$y^2 + x = x^3$	等号成立吗?
$(0, 0)$	$0^2 + 0 = 0^3$	成立
$(1, 0)$	$0^2 + 1 = 1^3$	成立
$(2, 0)$	$0^2 + 2 = 2^3$	不成立
$(3, 0)$	$0^2 + 3 = 3^3$	不成立
$(4, 0)$	$0^2 + 4 = 4^3$	成立
$(0, 1)$	$1^2 + 0 = 0^3$	不成立
$(1, 1)$	$1^2 + 1 = 1^3$	不成立
$(2, 1)$	$1^2 + 2 = 2^3$	成立
$(3, 1)$	$1^2 + 3 = 3^3$	不成立
$(4, 1)$	$1^2 + 4 = 4^3$	不成立
$(0, 2)$	$2^2 + 0 = 0^3$	不成立
$(1, 2)$	$2^2 + 1 = 1^3$	不成立
$(2, 2)$	$2^2 + 2 = 2^3$	不成立
$(3, 2)$	$2^2 + 3 = 3^3$	成立
$(4, 2)$	$2^2 + 4 = 4^3$	不成立
$(0, 3)$	$3^2 + 0 = 0^3$	不成立
$(1, 3)$	$3^2 + 1 = 1^3$	不成立
$(2, 3)$	$3^2 + 2 = 2^3$	不成立
$(3, 3)$	$3^2 + 3 = 3^3$	成立
$(4, 3)$	$3^2 + 4 = 4^3$	不成立
$(0, 4)$	$4^2 + 0 = 0^3$	不成立
$(1, 4)$	$4^2 + 1 = 1^3$	不成立
$(2, 4)$	$4^2 + 2 = 2^3$	成立
$(3, 4)$	$4^2 + 3 = 3^3$	不成立
$(4, 4)$	$4^2 + 4 = 4^3$	不成立

这样一来,我们就可以知道方程式 $y^2 = x^3 - x$ 在 $\mathbb{F}_5$ 上的解为以下 7 个。

$$(x, y) = (0, 0), (1, 0), (4, 0), (2, 1), (3, 2), (3, 3), (2, 4)$$

10.4.6　点的个数

"差不多该想要自己来计算了吧。我们把方程式 $y^2 = x^3 - x$ 在有限域 $\mathbb{F}_p$ 中解的个数用 $s(p)$ 来表示。

$$s(p) = （方程式 y^2 = x^3 - x 在有限域 \mathbb{F}_p 中解的个数）$$

我们已经研究完了 $s(2), s(3), s(5)$。我想请人来填下面这个表格。

$\mathbb{F}_p$	$\mathbb{F}_2$	$\mathbb{F}_3$	$\mathbb{F}_5$	$\mathbb{F}_7$	$\mathbb{F}_{11}$	$\mathbb{F}_{13}$	$\mathbb{F}_{17}$	$\mathbb{F}_{19}$	$\mathbb{F}_{23}$	$\cdots$
$s(p)$	2	3	7							

我们来分工合作吧。尤里负责 $\mathbb{F}_7$ 和 $\mathbb{F}_{11}$，泰朵拉负责 $\mathbb{F}_{13}$ 和 $\mathbb{F}_{17}$，然后你负责 $\mathbb{F}_{19}$ 和 $\mathbb{F}_{23}$。"米尔嘉对我说道。

"米尔嘉大人呢?"尤里问道。

"我睡个午觉。你们填好了叫我。"米尔嘉说着闭上了眼。

我们三个人默默地算起了有限域。求在有限域 $\mathbb{F}_p$ 中有几个满足椭圆曲线 $y^2 = x^3 - x$ 的点。

p 越大越费工夫，不过计算本身并没有那么困难。我在计算的间隙中偷瞄了一眼米尔嘉。

米尔嘉闭着眼睛，轻轻靠在椅背上。仔细一看，她已经安静地睡着了。这位黑发才女，还真的睡着了啊……

泰朵拉在旁边戳了戳我。

"学长，你怎么停下来了。"

在求完点的个数以后，我们互相检查了各自负责的部分。我有一个计算错误，泰朵拉有三个，尤里则是零个。

"尤里真厉害啊……"泰朵拉感叹道。

"喵哈哈~"

"那，我们该叫醒女王大人了吧。"

10.4.7 棱柱

"数列 $s(p)$ 的表填好了。"米尔嘉醒来后马上接着往下讲。

$\mathbb{F}_p$	$\mathbb{F}_2$	$\mathbb{F}_3$	$\mathbb{F}_5$	$\mathbb{F}_7$	$\mathbb{F}_{11}$	$\mathbb{F}_{13}$	$\mathbb{F}_{17}$	$\mathbb{F}_{19}$	$\mathbb{F}_{23}$	$\cdots$
$s(p)$	2	3	7	7	11	7	15	19	23	

"我们略微涉足了椭圆曲线的世界。以 $y^2 = x^3 - x$ 这条椭圆曲线为例，数了数这条椭圆曲线在有限域 $\mathbb{F}_p$ 中解的个数。"

"$s(p)$ 有什么含义吗？"泰朵拉举起手。

"我感觉有点像质数喵。"

"这个数列 $s(p)$ 体现了椭圆曲线 $y^2 = x^3 - x$ 的一个侧面。使用无数的有限域，就可以从各种各样的角度来看椭圆曲线。"

"好像棱镜啊！"泰朵拉说道，"阳光透过棱镜会被分解成无数种颜色的光，把所有的光重合在一起又会还原成本来的阳光。感觉跟这个很像不是吗？有理数域 $\mathbb{Q}$ 是阳光，有限域 $\mathbb{F}_p$ 表示每个质数 p 的颜色……"

"这比喻相当不错。"米尔嘉说道，"关于'椭圆曲线的世界'我们就先谈到这里，吃完巧克力慕斯后，接下来我们就该前往'自守形式的世界'了。"

"巧克力慕斯？"

"现在尤里正过去买呢。"尤里从米尔嘉那接了钱，摇晃着马尾辫跑到了甜点区。

10.5　自守形式的世界

10.5.1　保护形式

吃完巧克力慕斯以后，米尔嘉开始讲自守形式。

"下面这个函数 $\Phi(z)$ 有着非常有意思的性质。

$$\Phi(z) = e^{2\pi iz} \prod_{k=1}^{\infty} (1 - e^{8k\pi iz})^2 \, (1 - e^{16k\pi iz})^2$$

在此，参数 z 暗示了复数……尤里，怎么了？"

"米尔嘉大人……这个数学公式，我一点都看不懂。"

"让哥哥来帮你简单解释一下吧。"米尔嘉看向我。

"这个……"突然把问题扔给我吗，"我说尤里，看见这么复杂的数学公式，可不能想着'我一点都不明白'啊。"

"我没觉得'一点都不明白'啊，哥哥。嗯……这个像牌坊一样的符号是什么啊。"

"不是牌坊，是 $\prod$（π 的大写），这是表示乘法的符号。下面写着 $k=1$，上面写着 ∞。意思是把变量 k 替换成 $1, 2, 3, \cdots$，再乘以 $\prod$ 右边写着的所有因子。明白吗？"

"不明白。给人家具体讲讲嘛！"尤里嘟起嘴。

"我们来试试不用 $\prod$ 把米尔嘉写的 $\Phi(z)$ 表示出来。它会变成无限乘积的形式。"

$$\begin{aligned}
\Phi(z) &= e^{2\pi iz} \prod_{k=1}^{\infty} (1 - e^{8k\pi iz})^2 \, (1 - e^{16k\pi iz})^2 \\
&= e^{2\pi iz} \times (1 - e^{8\times 1\pi iz})^2 \times (1 - e^{16\times 1\pi iz})^2 \\
&\quad \times (1 - e^{8\times 2\pi iz})^2 \times (1 - e^{16\times 2\pi iz})^2 \\
&\quad \times (1 - e^{8\times 3\pi iz})^2 \times (1 - e^{16\times 3\pi iz})^2 \\
&\quad \times \cdots
\end{aligned}$$

"∏ 的意思我倒是明白了……不过太复杂了喵！"尤里说道。

"所以都说了！为了简写才用 ∏ 来表示的！"我说道。

"Φ(z) 是**自守形式**的一种，尤其是**模形式**的伙伴。"米尔嘉说道，"a, b, c, d 是整数，满足 $ad - bc = 1$，且 c 是 32 的倍数，再基于 $z = u + \nu\mathrm{i}$，$\nu > 0$ 这个条件……可知以下等式成立。"

$$\Phi\left(\frac{az + b}{cz + d}\right) = (cz + d)^2 \Phi(z)$$

"自守……形式？"尤里重复道。

"保护形式。由 $\Phi\left(\frac{az+b}{cz+d}\right) = (cz + d)^2 \Phi(z)$ 这个式子，可知'经由 Φ 来看，z 和 $\frac{az+b}{cz+d}$ 形式相同'。即使发生了 $z \to \frac{az+b}{cz+d}$ 这种变换，也保持了原有的形式，所以叫作自守形式。话虽这么说，也有 $(cz + d)^2$ 这种程度的偏差。$(cz + d)^2$ 的指数 2 称为**权**。Φ(z) 是'权为 2 的自守形式'。到这里听明白了吗？"

"完全……没办法想象。"泰朵拉抱着头。

"喔……那我举个简单的例子吧。因为 'a, b, c, d 是整数，满足 $ad - bc = 1$，且 c 是 32 的倍数'，所以我们打个比方，假设 $\begin{pmatrix} a & b \\ c & d \end{pmatrix} = \begin{pmatrix} 1 & 1 \\ 0 & 1 \end{pmatrix}$，这样一来……

$$\Phi\left(\frac{az + b}{cz + d}\right) = (cz + d)^2 \Phi(z) \qquad \Phi(z)\text{ 的等式}$$

$$\Phi\left(\frac{1z + 1}{0z + 1}\right) = (0z + 1)^2 \Phi(z) \qquad \text{代入} \begin{pmatrix} a & b \\ c & d \end{pmatrix} = \begin{pmatrix} 1 & 1 \\ 0 & 1 \end{pmatrix}$$

$$\Phi(z + 1) = \Phi(z) \qquad \text{计算}$$

也就是说，$z + 1$ 和 z 经由 Φ 可以同等看待。换言之，实轴方向构成了周期为 1 的函数。"

"虽然不太明白……但能够感觉出确实是这样。"泰朵拉答道。

"再复杂一点的话，人家脑袋就要爆炸了喵。"尤里说道。

"好吧，接下来我把 $\Phi(z)$ 变简单点。"

米尔嘉微笑着把手放在尤里的头上。

10.5.2 q 展开

"好好看看函数 $\Phi(z)$ 的定义方程式。"米尔嘉继续往下讲。

$$\Phi(z) = e^{2\pi iz} \prod_{k=1}^{\infty} (1 - e^{8k\pi iz})^2 \, (1 - e^{16k\pi iz})^2$$

"在这里你们应该注意到了吧，这个式子里镶嵌了无数个 $e^{2\pi iz}$。因此，我们像下面这样定义一个字母 q。

$$q = e^{2\pi iz} \qquad (q\text{ 的定义})$$

此时，可以用 q 表示 $\Phi(z)$。这就交给泰朵拉来吧。"

"诶？让我来吗？"泰朵拉先是表示吃惊，然后想了一会儿说道，"对了，指数运算法则……是这样吗？"

$$\Phi(z) = q \prod_{k=1}^{\infty} (1 - q^{4k})^2 \, (1 - q^{8k})^2$$

"式子变形不难。用的只有指数运算法则而已。"

$$\begin{cases} e^{2\pi iz} & = q \\ e^{8k\pi iz} & = (e^{2\pi iz})^{4k} = q^{4k} \\ e^{16k\pi iz} & = (e^{2\pi iz})^{8k} = q^{8k} \end{cases}$$

"好的。"米尔嘉说道，"像这样，用 $q = e^{2\pi iz}$ 来表示这个式子，就叫作 q 展开。从现在开始，我们只关注 q。"

10.5.3 从 $F(q)$ 到数列 $a(k)$

"为了忘记 $\Phi(z)$,只关注 q,我们给它换个名字,叫作 $F(q)$。"

$$F(q) = q \prod_{k=1}^{\infty} (1 - q^{4k})^2 (1 - q^{8k})^2$$
$$= q(1 - q^4)^2 (1 - q^8)^2$$
$$(1 - q^8)^2 (1 - q^{16})^2$$
$$(1 - q^{12})^2 (1 - q^{24})^2$$
$$\cdots$$

"$F(q)$ 全体都是'积的形式'。现在我想把 $F(q)$ 变成'和的形式'。尤里,把积的形式转化成和的形式叫什么来着?"

"我不知……啊,难不成叫作展开?"

"对。我们找个人来把 $F(q)$ 展开。数学公式狂热分子——哥哥就很合适嘛。"

"等等,$F(q)$ 可是无限积啊……"我说道。

"只要从 q^1 到 q^{29} 的系数都正确就行了。超过 30 次方的项就无视掉,函数的收敛我们也无视掉。作为形式幂级数来计算。"

◎　　◎　　◎

在三个女生目不转睛的注视下,我开始展开数学公式。真让人紧张啊……一瞬间我想找些简便算法,但还是决定就这么硬算下去。因为算到 q^{29} 就够了,超过 30 次方的项在计算途中无视掉就好了。那么就把超过 30 次方的项省略,写作 Q_{30} 吧。

$$F(q) = q \prod_{k=1}^{\infty} (1 - q^{4k})^2 (1 - q^{8k})^2$$

当 $k = 1$ 时,将因子移到 $\prod$ 的前面。

$$= q(1 - q^4)^2 (1 - q^8)^2 \prod_{k=2}^{\infty} (1 - q^{4k})^2 (1 - q^{8k})^2$$

展开2次方的部分。

$$= q(1 - 2q^4 + q^8)(1 - 2q^8 + q^{16}) \prod_{k=2}^{\infty} (1 - q^{4k})^2 (1 - q^{8k})^2$$

将 q 乘到括号内。

$$= (q - 2q^5 + q^9)(1 - 2q^8 + q^{16}) \prod_{k=2}^{\infty} (1 - q^{4k})^2 (1 - q^{8k})^2$$

将最前面的两个因式相乘。

$$\begin{aligned} = {} & (q - 2q^5 - q^9 + 4q^{13} - q^{17} - 2q^{21} + q^{25}) \\ & \times \prod_{k=2}^{\infty} (1 - q^{4k})^2 (1 - q^{8k})^2 \end{aligned}$$

呼……我做了个深呼吸，继续往下计算。

$$F(q) = (q - 2q^5 - q^9 + 4q^{13} - q^{17} - 2q^{21} + q^{25})$$

$$\times (1 - q^8)^2 (1 - q^{16})^2 \prod_{k=3}^{\infty} (1 - q^{4k})^2 (1 - q^{8k})^2$$

$$= (q - 2q^5 - 3q^9 + 8q^{13} - 8q^{21} + 8q^{25} - 8q^{29} + Q_{30})$$

$$\times \prod_{k=3}^{\infty} (1 - q^{4k})^2 (1 - q^{8k})^2$$

$$= (q - 2q^5 - 3q^9 + 6q^{13} + 4q^{17} - 2q^{21} - 9q^{25} - 6q^{29} + Q_{30})$$

$$\times \prod_{k=4}^{\infty} (1 - q^{4k})^2 (1 - q^{8k})^2$$

$$= (q - 2q^5 - 3q^9 + 6q^{13} + 2q^{17} + 2q^{21} - 3q^{25} - 18q^{29} + Q_{30})$$

$$\times \prod_{k=5}^{\infty} (1 - q^{4k})^2 (1 - q^{8k})^2$$

$$= (q - 2q^5 - 3q^9 + 6q^{13} + 2q^{17} + 2q^{25} - 12q^{29} + Q_{30})$$

$$\times \prod_{k=6}^{\infty} (1 - q^{4k})^2 (1 - q^{8k})^2$$

$$= (q - 2q^5 - 3q^9 + 6q^{13} + 2q^{17} - q^{25} - 8q^{29} + Q_{30})$$

$$\times \prod_{k=7}^{\infty} (1 - q^{4k})^2 (1 - q^{8k})^2$$

因为 $\prod_{k=8}^{\infty} (1 - q^{4k})^2 (1 - q^{8k})^2$ 只会产生超过 30 次方的项，所以 $k = 8$ 之后就不用展开了。

$$F(q) = (q - 2q^5 - 3q^9 + 6q^{13} + 2q^{17} - q^{25} - 8q^{29} + Q_{30})$$
$$\times (1 - q^{28})^2 (1 - q^{56})^2 \prod_{k=8}^{\infty} (1 - q^{4k})^2 (1 - q^{8k})^2$$
$$= (q - 2q^5 - 3q^9 + 6q^{13} + 2q^{17} - q^{25} - 10q^{29} + Q_{30})$$
$$\times \prod_{k=8}^{\infty} (1 - q^{4k})^2 (1 - q^{8k})^2$$

◎   ◎   ◎

"做完了。这样就行了吧？"我问道。

$$F(q) = q - 2q^5 - 3q^9 + 6q^{13} + 2q^{17} - q^{25} - 10q^{29} + \cdots$$

"好的。"米尔嘉点点头，"我们将 q^k 的系数称为 $a(k)$，将 $F(q)$ 看作数列 $a(k)$ 的**生成函数**。把系数明确写出来……"

$$F(q) = 1q - 2q^5 - 3q^9 + 6q^{13} + 2q^{17} - 1q^{25} - 10q^{29} + \cdots$$

把这个总结成表格。

k	1	5	9	13	17	25	29	$\cdots$
$a(k)$	1	-2	-3	6	2	-1	-10	$\cdots$

可以从数列 $a(k)$ 还原 $F(q)$。也就是说，数列 $a(k)$ 像含有遗传因子般含有关于 $F(q)$ 的信息。接下来终于该说到将椭圆函数和自守形式世界连接起来的'谷山-志村定理'了。"

10.6 谷山-志村定理

10.6.1 两个世界

该说到**谷山-志村定理**了。我们今天跑过了两个世界。在"椭圆曲线的世界"里,我们由椭圆曲线 $y^2 = x^3 - x$ 创造了数列 $s(p)$。在"自守形式的世界"里,我们由自守形式 $\Phi(z)$ 创造了 $F(q)$,然后创造了数列 $a(k)$。谷山-志村定理认为这两个世界是对应的。

椭圆曲线的例子   自守形式的例子

$$y^2 = x^3 - x \rightarrow s(p) \quad (?) \quad a(k) \leftarrow q \prod_{k=1}^{\infty} (1 - q^{4k})^2 (1 - q^{8k})^2$$

将两个数列 $s(p)$ 和 $a(k)$ 分别总结成表格的形式,如下所示。

$\mathbb{F}_p$	$\mathbb{F}_2$	$\mathbb{F}_3$	$\mathbb{F}_5$	$\mathbb{F}_7$	$\mathbb{F}_{11}$	$\mathbb{F}_{13}$	$\mathbb{F}_{17}$	$\mathbb{F}_{19}$	$\mathbb{F}_{23}$	$\cdots$
$s(p)$	2	3	7	7	11	7	15	19	23	$\cdots$

k	1	5	9	13	17	25	29	$\cdots$
$a(k)$	1	-2	-3	6	2	-1	-10	$\cdots$

关注质数,将两个表格合成一个表格,两个世界就会相连。

问题 10-2 (在椭圆曲线和自守形式之间架起桥梁)

找出数列 $s(p)$ 和数列 $a(p)$ 之间的关系。

p	2	3	5	7	11	13	17	19	23	$\cdots$
$s(p)$	2	3	7	7	11	7	15	19	23	$\cdots$
$a(p)$	0	0	-2	0	0	6	2	0	0	$\cdots$

"诶？我好像明白了。"尤里说道。

"米尔嘉，我也明白了。"泰朵拉说道。

当然，我也马上就明白了。$s(p)$ 是来源于椭圆函数的数列。$a(p)$ 是来源于自守形式的数列。然而……为什么它们之间的关系会这么简单？

我也为这个事实震惊了——椭圆曲线和自守形式竟然能拿来玩。居然能靠自己动手来尝试有限域和 q 展开的计算……不过是米尔嘉提出来让我算，我才算出来的……

"干什么呢？"米尔嘉问道，"尤里，快点回答。"

"啊，是。数列 $s(p)$ 和数列 $a(p)$ 之间有 $s(p) + a(p) = p$ 的关系。不过……太不可思议了！"

解答10-2　（在椭圆曲线和自守形式之间架起桥梁）

数列 $s(p)$ 和数列 $a(p)$ 之间有着如下关系。

$$s(p) + a(p) = p$$

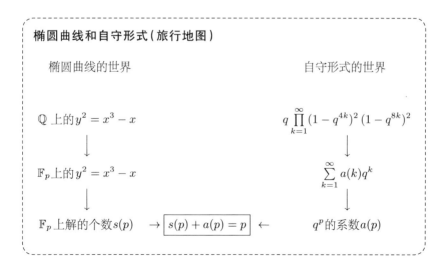

椭圆曲线和自守形式（旅行地图）

椭圆曲线的世界　　　　　　　　　　自守形式的世界

$\mathbb{Q}$ 上的 $y^2 = x^3 - x$　　　　$q \prod\limits_{k=1}^{\infty} (1 - q^{4k})^2 (1 - q^{8k})^2$

$\downarrow$　　　　　　　　　　　　　$\downarrow$

$\mathbb{F}_p$ 上的 $y^2 = x^3 - x$　　　$\sum\limits_{k=1}^{\infty} a(k) q^k$

$\downarrow$　　　　　　　　　　　　　$\downarrow$

$\mathbb{F}_p$ 上解的个数 $s(p)$　$\rightarrow$　$\boxed{s(p) + a(p) = p}$　$\leftarrow$　q^p 的系数 $a(p)$

"椭圆曲线和自守形式的来源完全不同。"米尔嘉说道，"然而，它们在深处却有着联系。我们通过一个例子触碰到了这个联系，在椭圆曲线和自守形式之间架起了一座桥梁。关于所有的椭圆曲线都存在这样的对应关系。这就是谷山–志村定理。它在椭圆曲线和自守形式两个世界间架起了桥梁。这座连接两个世界的桥梁，是用 Zeta 构成的。"

"Zeta？"我回应道。

"那个改天再讲。现在我想讲一下弗赖曲线。"

10.6.2 弗赖曲线

假设"费马大定理不成立"，就能构成某条椭圆曲线。弗赖注意到了这一点。这条椭圆曲线叫作**弗赖曲线**。

假设费马大定理不成立，则存在三个两两互质的自然数 a, b, c 以及大于等于 3 的质数 p，它们满足以下等式。

$$a^p + b^p = c^p$$

弗赖曲线就是用这两个自然数 a, b 构成的。

$$y^2 = x(x + a^p)(x - b^p) \qquad （弗赖曲线）$$

10.6.3 半稳定

"接下来，我们来确认弗赖曲线是半稳定的。下面我们把用于约化的质数表示为 ℓ。这是为了不跟弗赖曲线 $y^2 = x(x + a^p)(x - b^p)$ 中出现的 p 搞混。然后，椭圆曲线'半稳定'指的是用质数 ℓ 约化椭圆曲线时会出现'好的约化'或者'乘法约化'。换言之，在有限域 $\mathbb{F}_\ell$ 中考虑椭圆曲线方程式 $y^2 = x^3 + ax^2 + bx + c$ 时会出现两种情况：要么 $x^3 + ax^2 + bx + c = 0$ 没有重根（好的约化），要么有重根，但只有二重根（乘法约化）。也就是没有三重根。"

米尔嘉在这里停顿了大约三秒钟。

"用质数 ℓ 约化弗赖曲线的时候没有三重根。因为如果用质数 ℓ 约化时出现三重根，那就意味着有三个解 $x = 0, -a^p, b^p$。这三个解以质数 ℓ 为模同余。以质数 ℓ 为模就意味着 0 是 ℓ 的倍数。也就是说，$-a^p, b^p$ 这两个数都必须是 ℓ 的倍数。但因为 $a \perp b$，所以 a 和 b 没有共同的质因数。也就是说，$-a^p, b^p$ 这两个数不能都是 ℓ 的倍数。因此，弗赖曲线即使有重根，最多也只是二重根。弗赖曲线是半稳定的。"

"怀尔斯证明了'每一条半稳定的椭圆曲线都可以对应一个模形式'这一定理。椭圆曲线对应模形式指的是这条椭圆曲线与自守形式中的一种形式——模形式相对应。可以说'怀尔斯定理'是连接半稳定的椭圆曲线和自守形式的桥梁。利用这个定理，就能将半稳定的弗赖曲线和自守形式相对应。自守形式中可以定义一个叫作 level 的数，根据**赛尔**和**黎贝**的研究，弗赖曲线与'权为 2，level 为 2 的自守形式'相对应。然而，依据自守形式的理论，已经证明了'不存在权为 2，level 为 2 的自守形式'。这就产生了矛盾。

总结一下就是这样：假设费马大定理不成立，就可以造出弗赖曲线。这讲的是'椭圆曲线的世界'。紧握弗赖曲线这张入场券，走过怀尔斯定理这座桥，前往'自守形式的世界'。在那里应该存在着与弗赖曲线相对应的自守形式。然而，在那边迎接我们的只有'不存在那样的自守形式'这个事实。这也就意味着，最初的假设——'费马大定理不成立'是错的。"

泰朵拉唰地举起手。

"我提个可能很奇怪的问题……为什么'不存在权为 2，level 为 2 的自守形式'呢？"泰朵拉问道。

"你问的非常对。"米尔嘉答道，"不过……还不能马上给你解释。接下来要是缠起阿里阿德涅之线 [1]，就能以椭圆曲线和自守形式为开端，深入探索数学的森林。什么时候我们一起去吧。"

米尔嘉面对我们展开双臂。

简直就像天使的羽翼一般。

◎　　◎　　◎

"不好意思，我们该关门了。"咖啡店的服务生来到我们桌前。回过神来，店里只剩下我们四个人。桌子上四处散落着笔记用纸。

"差不多该回去了吧。"我说道。

"米尔嘉，非常感谢！"泰朵拉行了一礼。

"好有趣啊。米尔嘉大人。"尤里说道。

"真的太神奇了。"我也表示赞同。

"喔……是吗？"米尔嘉一下子看向了别处。

"下次再见米尔嘉大人，该是庆功宴了吧……好期待喵！"

"下个周六。"我说道。

"在期末考试的庆功宴以前，别忘了还有期末考试这回事哟！"

泰朵拉举起双手说道。

---

[1] 英雄忒修斯在克里特公主阿里阿德涅的帮助下，用一个线团破解了迷宫，杀死了怪物弥诺陶洛斯。这个线团称为阿里阿德涅之线，是忒修斯在迷宫中的生命之线。——译者注

10.7 庆功宴

10.7.1 自己家中

期末考试也终于告一段落。庆功宴当天的傍晚，大家都聚在了一起。

"打扰了。"米尔嘉说道。

"没事，欢迎欢迎。"我妈说道。

米尔嘉直勾勾地盯着我妈的脸。

"那个……有什么事吗？"

"您跟您儿子耳朵长得好像啊。"

"打……打打打打打扰了。"泰朵拉来了，样子很是紧张。

"外套挂在这边的衣架上哦。"我妈说道。

"我们这么多人来打扰您，真是不好意思。"盈盈说道。

"很期待你给我们表演钢琴哦！"我妈看起来很高兴。

"嗨~"尤里来了。

"没带男朋友来吗？"盈盈戏弄尤里。

"因为没必要。"

"来来，大家到客厅集合！披萨到了哟！"

我妈出来管事儿了。——话说什么时候决定吃披萨了？

"大家都拿到果汁了吧？来，干杯！"连出来宣布干杯的都是老妈，"期末考试考得怎么样？"

"喂，老妈——老妈！"

跟女生们说话说得不亦乐乎。咋说呢……

10.7.2 Zeta·变奏曲

"那我开始喽。"盈盈一下子坐在钢琴前。

一个音符响起。

又一个。

隔了好一阵子之后，盈盈开始慢慢地敲击键盘各处。

我以为她是试弹。

但我错了。

只见盈盈的双手在键盘上游移，速度越来越快。毫无秩序的音符间填上了其他的音符。一堆杂乱无章的音符中诞生了小小的图案，然后无数的图案开始交织，形成了更大的图案。

然后，就从离散走向了连续！

回过神来，我已经被抛向了广袤的大海。海浪，海浪，海浪，不停袭来的海浪。盈盈弹出的琴音翻涌着，卷起波浪，将我冲走。我在这激流的冲击下，完全失去了方向感，就在这一瞬间——

我站在了寂静的海岸边，仰望着夜空。夜空中无数的星辰就像与一个个微小的漩涡相互辉映般，闪耀着星光。对，似乎有规律，又好似没有……

"数星星的人和画星座的人。这两种人，哥哥你属于哪种？"

回过神来，盈盈的演奏不知何时已经结束了。

沉默。

三秒后，我拼命鼓掌，力气大得手都要痛了。

没想到我家的钢琴也能发出这么美妙的声音！

"真棒……太棒了！这是什么曲子？"泰朵拉问道。

"米尔嘉亲作曲，Zeta·变奏曲。"盈盈答道。

"Zeta 变奏曲……吗？"泰朵拉问道。

"对。"米尔嘉答道，"仿照在数学中普遍扩大的 Zeta，Zeta 变奏曲。不仅黎曼的 Zeta 函数是 Zeta，其实有许许多多的 Zeta 交织存在着。"

"这么说来，在讲谷山 – 志村定理的时候，学姐也提到过，是 Zeta 连接着两个世界吧。"泰朵拉说道。

"对。我简单说一下吧。用一个质数定义一个函数 $L_E(s)$，这个质数对于椭圆曲线 E 形成好的约化。"

$$L_E(s) = \prod_{\text{形成好的约化的质数 } p} \frac{1}{1 - \frac{a(p)}{p^s} + \frac{p}{p^{2s}}}$$

将积写成下面这样的形式幂级数。

$$L_F(s) = \sum_{k=1}^{\infty} \frac{a(k)}{k^s}$$

用这个数列 $a(k)$，创造下面这样的 q 展开的形式。

$$F(q) = \sum_{k=1}^{\infty} a(k) q^k$$

这样一来，$F(q)$ 就变成了权为 2 的自守形式。$L_E(s)$ 则是连接椭圆曲线这个代数对象的 Zeta。$L_F(s)$ 是连接自守形式这个解析对象的 Zeta。所有的椭圆曲线都存在与其对应的，通过 Zeta 连接的自守形式。这就是谷山 – 志村定理。

代数 Zeta ＝解析 Zeta

$$\prod_{\text{形成好的约化的质数 } p} \frac{1}{1 - \frac{a(p)}{p^s} + \frac{p}{p^{2s}}} = \sum_{\text{自然数 } k} \frac{a(k)}{k^s}$$

此外，我们看看欧拉乘积和黎曼的 Zeta 函数。在这边，"围绕质数的乘积"与"围绕自然数的和"相等。看，很像吧。

欧拉乘积＝黎曼的 Zeta 函数

$$\prod_{\substack{\text{质数}\ p}} \frac{1}{1 - \frac{1}{p^s}} = \sum_{\substack{\text{自然数}\ k}} \frac{1}{k^s}$$

"说像还真是像……不过两边都叫'Zeta'，还真是'不拘小节地同等看待'呢。"泰朵拉说道。

"哎，尤里。"我妈悄悄向尤里搭话，"这么难的东西你能听明白吗？"

"不，听不明白。"

"数学这东西，有什么用啊……"我妈叹了口气。

"虽然不知道有什么用，不过我喜欢数学！"尤里回答道。

◎　　　◎　　　◎

"最后一块我就收下了啊。"我伸手准备拿披萨。

"啊！"尤里叫道。

"嗯？你想吃？那给你吧。"

"好开心喵！"

"说起来，米尔嘉讲的基本勾股数的解法好有趣啊。"

"米尔嘉大人的解法？哥哥，那是什么样的问题？"

我向尤里简要说明了我跟米尔嘉是如何解开了"是否存在无数个基本勾股数"的问题。

10.7.3　生产的孤独

"能把灯光调暗点吗?"盈盈说着,开始用爵士风格演绎巴赫的曲子。她似乎想一直担任配背景音乐的工作。房间里弥漫着轻松的气氛。

"为什么怀尔斯会……"泰朵拉突然开口,"会觉得凭一人之力就能证明呢?一个人把自己关在书房里长达七年,肯定非常孤独吧。大家一起帮忙的话岂不是很快就能证明出来了吗?"

"他想一个人实现自己的梦想吧。"米尔嘉回答道,"但是就连怀尔斯也不是全部自己完成的。数学是一门积累的学问。不管怎样的天才,都不是由零开始创造所有的数学知识的。他们也要站在其他人无数的证明结果的基础之上。"

"孤独吗……"我喃喃道,"尤里经常说'喜欢一起思考'。但是,即使通过相互讨论创造了'一起思考'的环境,灵感也是从每个人脑海里产生的吧。"

咦?尤里去哪儿了……环视四周,发现她在房间角落里正写着什么。

"跟生孩子一样呢。"我妈端来了茶,"有深爱的丈夫在,也有医生在,但是要'生产'的只有将要当妈的人。谁都没法代替母亲生产。对孩子来说,只有一个母亲。"

"孤独的人会写信。"米尔嘉说道,"孤独的数学家则写论文。为了传递给未来的某个人,写一封以论文为名的信。"

"如果写了,就不孤独了。"泰朵拉突然低声说,"即使不能马上被人收到,能以语言表达出来也很重要呢……"

"确实,如果山缪没有出版那本书,费马大定理也不会传递到我们这里。"

"历史,是奇迹堆积而成的。"泰朵拉说道。

10.7.4 尤里的灵感

"哥哥，哥哥!"尤里一直没说话，这时突然叫了起来，"我列出了一串平方数哦。"

"你到底在说什么?"

尤里清了清嗓子，开始讲道:

"刚才那个'是否存在无数个基本勾股数'的问题。我列出了一串平方数，把每个数跟它旁边的数字相减。"

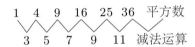

"这样一来，减法运算的结果就都是奇数了呢。"

"这叫作'差分数列'。"我说道。

"尤里你真聪明。"米尔嘉说道。

米尔嘉在夸她什么啊?

"喵哈! 米尔嘉大人已经看穿了吗? 因为减法这里……叫作差分数列是吗? ……会出现所有的奇数，所以也就会出现奇数的平方数对吧。打个比方，刚才我写的数列里出现了 9 这个奇数的平方数，因为 $3^2 = 9$，所以 9 是奇数的平方数。也就是说，如果平方数加上奇数的平方数，就会得到下一个平方数。这不就产生了无数个基本勾股数吗?"

$$1 \quad 4 \quad 9 \quad \underline{16} \quad \underline{25} \quad 36 \quad \cdots$$
$$3 \quad 5 \quad 7 \quad \underline{9} \quad 11 \quad \cdots$$

$$9 = 25 - 16 \qquad 根据差分数列的含义$$
$$3^2 = 5^2 - 4^2 \qquad 用平方的形式表现$$
$$3^2 + 4^2 = 5^2 \qquad 两边同时加上 4^2$$

"我啊，在这里发现了基本勾股数 $(3, 4, 5)$。不过这不是人家偶然发现的哦！差分数列的部分会出现所有奇数的平方数。也就是说，会找到无数组 (a, b, c) 这样的数字。之后我就不知道该说什么了……"

这样啊，尤里是根据无数个"奇数的平方数"来构成无数个基本勾股数的啊。

"不够公式化。"米尔嘉说道，"这没表现出互质。不过尤里已经把重要的思路讲出来了。"

"米尔嘉大人……能麻烦您继续吗？"尤里问道。

"你把接力棒交给哥哥吧。"米尔嘉说道。

"好好。"我连忙应道，开始向大家说明。

◎   ◎   ◎

之后，要证明存在无数个基本勾股数。

首先，准备一个平方数的数列。

$$\cdots, (2k)^2, (2k+1)^2, \cdots$$

计算 $(2k+1)^2 - (2k)^2$ 可求出差分数列。

$$
\begin{aligned}
(2k+1)^2 - (2k)^2 &= (4k^2 + 4k + 1) - (2k)^2 && \text{展开 } (2k+1)^2 \\
&= (4k^2 + 4k + 1) - 4k^2 && \text{展开 } (2k)^2 \\
&= 4k + 1 && \text{计算后消去 } 4k^2
\end{aligned}
$$

也就是这么回事。

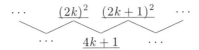

刚才我们得到的 $4k+1$ 这个式子，只要用一个合适的数代替 k，就能形成奇数的平方数。我们要这么具体地去想：$4k+1=(2j-1)^2$ 即 $b=2j-1$。

$$4k+1=(2j-1)^2 \qquad 表示出"奇数的平方数"的形式$$
$$=4j^2-4j+1 \qquad 展开式子$$
$$=4j(j-1)+1 \qquad 提出 4j$$

也就是说，如果 $k=j(j-1)$，那么 $4k+1$ 就是平方数。如果 $j=2$，那么 k 就等于 2，此时 $4k+1=9=3^2$。也就是说，$j=2$ 时可以得到 $(a,b,c)=(3,4,5)$ 这组勾股数。

当 $j=3$ 时，$k=6$，$(a,b,c)=(12,5,13)$。

当 $j=4$ 时，$k=12$，$(a,b,c)=(24,7,25)$。

将 j 逐渐增大，就能创造出无数组勾股数。

接下来只要证明我们创造的勾股数是基本勾股数就行了。为此，需要证明 (a,b,c) 三个数两两互质。

因为 $c=a+1$，所以 $c \perp a$……是吧。因为 c 和 a 这两个数字具有共同的质因数 p，所以 $c-a$ 应该是 p 的倍数。又因为 $c-a$ 等于 1，所以 c 和 a 互质。

然后要证明 $b \perp c$。假设 b 和 c 的最大公约数为 g，令 $b=gB$，$c=gC$。

$$a^2 + b^2 = c^2 \qquad \text{因为 } a, b, c \text{ 是勾股数}$$
$$a^2 = c^2 - b^2 \qquad \text{将 } b^2 \text{ 移项到等式右边}$$
$$a^2 = (gC)^2 - (gB)^2 \qquad \text{代入 } b = gB, c = gC$$
$$a^2 = g^2 C^2 - g^2 B^2 \qquad \text{计算}$$
$$a^2 = g^2 (C^2 - B^2) \qquad \text{提出 } g^2$$

　　根据最后得出的式子 $a^2 = g^2(C^2 - B^2)$，可知 a^2 是 g^2 的倍数。也就是说，a 是 g 的倍数。另外，因为 $c = gC$，所以 c 也是 g 的倍数，即 g 是 a 和 c 的最大公约数。另一方面，因为 $c \perp a$，所以 a 和 c 的最大公约数 g 等于 1。

　　因为 b 和 c 的最大公约数 g 等于 1，所以可以得出结论：$b \perp c$。同理也可得出 $a \perp b$。

　　综上所述，可以创造无数个基本勾股数。

◎　　◎　　◎

　　"学长！这是个边长的差等于 1 的直角三角形啊！我之前一直在想，是不是能从这里着手……"

　　"确实。"可能只是我的研究方向跑偏了……

　　"我最喜欢聪明的孩子了。"米尔嘉说道，"尤里，过来一下。"

　　"什么？"尤里问道。

　　"慢着。"我拦住了尤里。

10.7.5　并非偶然

　　欣赏盈盈的琴声，大聊特聊，听着尤里的证明……即便没有酒，我也醉在这氛围之中了。于是我一个人去走廊"醒酒"。

呼……我倚在墙壁上，任由自己滑下来跌坐在地上。真是被尤里打败了啊。

之前我摆出一副老师的样子，教给她"基本勾股数的一般形式"和"用 t 参数化的方法"，可这次尤里靠自己思考，找出了属于自己的证明方法。而且泰朵拉还暗示过那条路。我是不是拖了泰朵拉的后腿？米尔嘉好像也说过我"不配当老师"来着。完了，感觉好失落……

泰朵拉从房间走了出来。

"学长，你怎么了？心情不好？"

她蹲在我面前，脸上写满了担心。从她身上飘来甜甜的香气。

"没什么，我自己在给自己开反省大会。"

泰朵拉一脸不解："对了学长，那个'M 的谜'你解开了吗？"

首字母 M 的谜。泰朵拉的挂饰。

"我认输了。只是少了爱……是吧。"

"是少了 i 的辐角。"泰朵拉看似很开心地说道，"那个挂饰不是 M，我是想把 M 逆时针旋转 90° 变成 $\sum$。因为我超级喜欢数学，所以想要个 $\sum$。不过因为没有，所以就用 M 代替了。"

"的确，$\sum$ 的挂饰哪儿都没有卖的呢。"

"希腊的话没准有卖呢。"

"那，不是某个人的名字的首字母啊……"imaginary boyfriend？

"某个人……比如米尔嘉的 M？"

"啊，不是……这么说来之前在图书室捉迷藏的时候，我还什么都没能说呢……"

我话刚说到一半，泰朵拉脸上突然染上了红晕，伸开双臂上下挥来挥去。是"停"的手势。我立马闭上了嘴。

"学长，你经常说相遇是个偶然对吧。不过……我能遇见学长不是偶然，是奇迹哦！"

泰朵拉满脸通红地留下这句话，就飞也似地跑回客厅了。

10.7.6 平安夜

"最后大家一起来唱首歌吧！"我妈宣布。

歌名是——《平安夜》

今年马上就要落下帷幕了。虽然发生了很多事情，但比起整个数学史来说，我这一年微不足道。但对我来说，对我们来说，这是无法代替的一年。

曲终，鼓掌！大家脸颊都泛起了红潮。

"那，接下来……大家一起开始收拾！"我妈又宣布道，"公主们有我家骑士护送回家，不必担心！"我妈拍了拍我的肩膀。

"老妈……为啥这么独断专行？"

"跟你一模一样。"米尔嘉说道。

10.8 仙女座也研究数学

一切都收拾好后，我们一起前往车站。天色已经很晚了，遗憾的是抬头看不到夜空中的星星。大家一个个都哈着白雾。

"尤里你的第二种证法真厉害啊！"泰朵拉说道。

"嘿嘿，被泰朵拉表娘了！"

"嗯，我都没注意到还有那种解法。"

"哥哥……特许你摸摸我的头哦。"

我无奈地摸了摸尤里的栗色头发。

"费马大定理没有第二种证法吗？"泰朵拉问道。

"没有初级的证法。"走在最前面的米尔嘉回过头，"数学家们这么说的。那就是肯定没有。不过今后可能会发现新的数学概念，从而创造出更简便的证法。"

就像发现"负数"那样？

就像发现"复数"那样？

"真能发现吗？"泰朵拉问道。

"逆用勾股定理，就能创造出直角。这是当时最尖端的技术，但是现在已经在小学普及了。二次方程的解法、复数、矩阵、微积分……所有这些都是曾经最先进的知识，不过现在也普及到初中高中了。这样下去没准以后我们在学校就能学到'费马大定理的证法'。"

"原来如此……"泰朵拉点点头。

"我们只活在当下。"米尔嘉继续道，她的脸颊冻得发红，"然而，散布在历史这条时间轴上的无数数学知识，都投射到了'现在'这一点上。我们学的就是这一点上的投影。"

投影？我站住了。米尔嘉的一句话，让我看到了一道贯穿过去和未来的光芒。

"真实的样子"——漂浮在银河中的点点繁星一点也不"细小"。我们肉眼能看见的星星实际上是非常巨大的。星星也不是"一群群"的。事实上，它们距离我们好多个光年。

不管看上去细小，还是一群群的，都是投影施放的魔法。我们看到的是投射在自己视网膜上的来自遥远过去的星星的影子。如果换成另一颗远离地球的星球，星球上的居民抬头看夜空的时候应该会看到截然不同的星座吧。

不过，数学会如何呢？如果那颗遥远的星球上的居民有"数数"这个概念的话，也应该有质数这个概念吧。他们会感到整除有着特殊的含义吧，也应该会有互质这个概念吧，也会想利用同余折叠无限吧。

　　费马大定理是对数学界做出了最大贡献的问题。由它产生了众多的数学家和众多的数学概念。

　　　　　当 $n \geqslant 3$ 时，以下的方程式不存在自然数解。

$$x^n + y^n = z^n$$

即使从其他星球上来看，费马大定理也比其他星星更耀眼，更夺目。

　　就像六芒星指引东方的贤者般，费马大定理成为了指引数学志士们的路标。怀尔斯自己也是在遇见费马大定理后，才以数学为志向的。那时怀尔斯 10 岁，还是个少年。

　　空间上的距离不是本质，时间上的距离也不是本质。

　　不管相隔多远，不管距离多久。

　　贯穿宇宙和历史的共同词汇——数学。

　　"仙女座也研究数学。"我说道。

　　走在我前面的众人都回过了头。

　　"哥哥，你说什么呢?"尤里问道。

　　"看上去仙女座也在研究数学。"我回答道。

　　"那里也有图书室吗?"泰朵拉微笑道。

　　"以居住的星球为模，是不是存在跟我们同余的宇宙人呢?"米尔嘉说道。

　　我们遇见了数学，我们通过数学相遇了。

　　有做得到的事，也有做不到的事。有明白的事，也有不明白的事。不过，这样就好。享受数学，跟超越时空的伙伴一起，数星星，描绘星座！

"啊!"泰朵拉指着上方。

"喔?"米尔嘉微微笑着仰望夜空。

"好巧!"盈盈吹起口哨。

"哥哥!"尤里叫道。

我抬头看向空中。

啊，天空也……

天空也在享受数学。

夜空中缓缓飘下数不清的正六角形结晶。

"哥哥! 下雪了!"

"要想生动地把握数学"，
就要用自己的方法，把学过的知识再组织查看一遍，
在此基础上，去思考新的事物。
至少要尽力去思考。
一言以蔽之，"研究"这东西是最管用的。
——谷山丰[27]

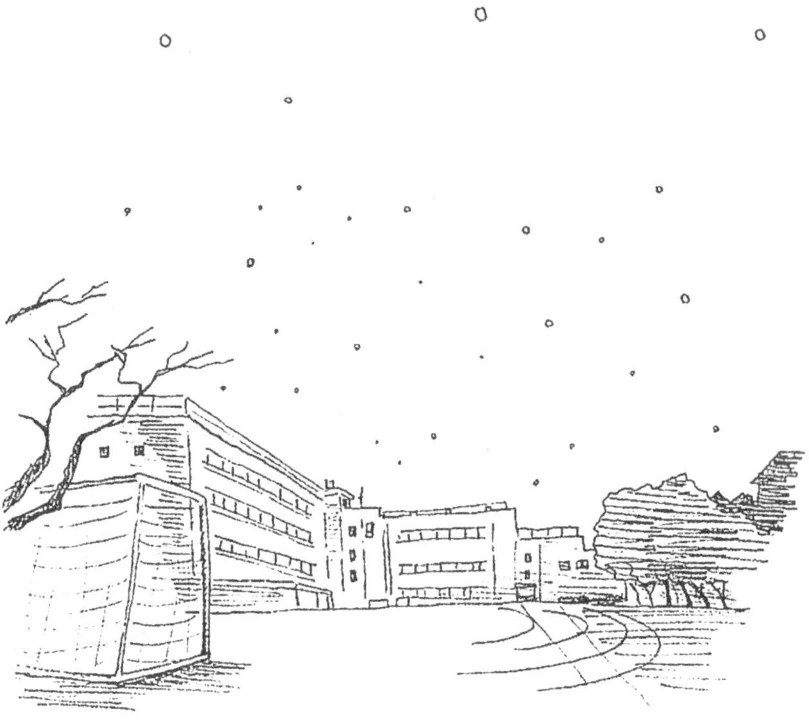

尾 声

闪耀的银河。

温暖的手心。

轻微颤抖的声音。

在阳光照射下变成金色的，栗色发丝……

"老师？"

"诶？"

"老师！这样不行啊，怎么能在办公室打盹呢。"耳畔传来少女的声音。

"我才没睡着呢。"

"$x^2 + y^2 = 1$ 的圆周上存在无数个有理点。"少女像吟诗一般地复述。

"回答正确。第二问呢？"

"$x^2 + y^2 = 3$ 的圆周上存在 0 个有理点。"

"回答正确。"

"圆真是很深奥啊。"少女呵呵地笑着。

"是啊，一牵扯到无限，就很难捕捉'真实的样子'了。你看，20 世纪末有传言说费马大定理被证明了是吧，那也是因为涉及无限……"

"您说传言……其实费马大定理已经被证明了啊。"少女很诧异。

"咦？不是说找到了反例吗？没听说吗？"我把卡片递给少女。

"刚才您说……反例？"

费马大定理的反例（？）

$$951413^7 + 853562^7 = 1005025^7$$

$$70564061357594205566137980290863798520 6717$$
$$+ 3300999864183759232011403520822885432 14208$$
$$= 103574059999431797886252015499092652 8420925$$

"真的假的啊……用 951413，853562，1005025 的个位验算一下。"

$$951413^7 \equiv 3^7 \equiv 2187 \equiv 7 \qquad (\text{mod } 10)$$
$$853562^7 \equiv 2^7 \equiv 128 \equiv 8 \qquad (\text{mod } 10)$$
$$1005025^7 \equiv 5^7 \equiv 78125 \equiv 5 \qquad (\text{mod } 10)$$

"嗯嗯，因为 $7 + 8 \equiv 5\,(\text{mod } 10)$，确实能得到

$$951413^7 + 853562^7 \equiv 1005025^7 \qquad (\text{mod } 10)$$

这样的结果。"

不久后，少女笑出了声。

"老师！951413 倒过来写是圆周率 3.14159！您这玩笑好过分啊！"

"你发现了啊……"

$$951413^7 + 853562^7 = \underline{10357}405999943179788625201549909265284209\underline{25}$$
$$1005025^7 = \underline{10357}097264618589680992322822351135253906\underline{25}$$

"这是您特意找的例子吗？"

"算是吧。"

"话说老师，您在墙壁上贴的这个是……星座？"

"不是。这是用 23 约化椭圆曲线 $y^2 = x^3 - x$ 时的点。"

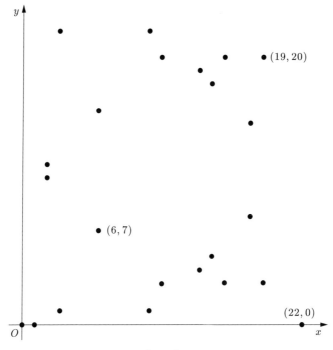

$\mathbb{F}_{23}$ 中 $y^2 = x^3 - x$ 上的点

"会不会……有什么规律性？"

不知有什么好笑的，少女又呵呵地笑了。

"你自己动手画一画怎么样？说不定能找到图案哟。"

"我试试看吧……那老师，明天见！"

"嗯。回去路上小心车子啊。"

"是是。啊，听说今天晚上要下雪！"

"谢谢提醒。"

"那，老师再见。"少女快速地挥动着手指跟我道别。

雪吗……

我想着雪，想着星星，想着无限……然后，想着她们。

事实上，我想断言，这本书中明显涵盖了繁多崭新的事物。

但不仅如此，还显现出了一泓清泉。

我想，今后会从中汲取出更多令人瞩目的发现吧。

——欧拉[24]

后　记

唉，早知如此，

我应该多学点东西，来让我的版画更美。

为了完成一幅美丽的画作，

是需要多大的努力和忍耐啊。

——埃舍尔

我是作者结城浩。

不才拙笔，为各位献上《数学女孩 2：费马大定理》一书。

本书为纪念欧拉诞辰 300 年出版，是 2007 年出版的前作《数学女孩》的续篇。登场人物有前作的"我"、米尔嘉和泰朵拉，此外还有表妹尤里。本书中围绕他们四人，展开了一场数学和青春的故事。

前作尽管含有繁多的数学公式，还是承蒙很多读者的喜爱。事实上，反响之大几乎令我自己和出版社都为之一惊。承蒙各位的支持，才能像今天这样出版续作。再次向各位深表谢意，非常感谢。

在创作本书的过程中，我也一直在感受着登场人物的喜怒哀乐。数学真是了不起。如果各位读者也能有此同感，那我真是无比幸福。

本书和前作一样使用了 $\LaTeX 2_\varepsilon$ 和 Euler 字体（AMS Euler）排版 [1]。

---

[1] 此处为日文原版排版的情况。——译者注

能成功排版，多亏了奥村晴彦老师的《LaTeX 2_ε 精美文献制作入门》一书，非常感谢。版式全部由大熊一弘先生(tDB 先生)设计，使用了用于制作初级数学印刷品的宏 emath，非常感谢。

感谢以下垂阅原稿并给予宝贵意见的人士。

> Ayko、五十岚龙也、石宇哲也、上原隆平、金矢八十男(Gascon 研究所)、川岛稔哉、筱原俊一、相马理美、竹内昌平、田崎晴明、花田启明、前原正英、松冈浩平、三宅喜义、村田贤太(mrkn)、矢野勉、山口建史、吉田有子

感谢各位读者，各位经常访问我的网站的朋友，经常为我祈祷的各位基督教的朋友。

感谢一直努力支持我完成本书的野泽喜美男总编。还要感谢无数喜爱前作《数学女孩》的读者，从各位那里收到的感言令我喜悦到几乎落泪。

感谢我最爱的妻子和两个儿子。特别要感谢读了我的原稿，给我意见的大儿子。

为给我们留下绝妙问题的费马，以及为我们完成绝妙解法的怀尔斯，还有所有的数学家们献上此书。

非常感谢各位的垂阅。希望有机会能够与大家再会。

结城浩

2008 年，为一本书中涵盖了整个宇宙的碎片而感到不可思议

http://www.hyuki.com/girl/

参考文献和导读

> 我把书库的钥匙给你，
> 不够的话就去图书馆吧。
> 你想知道的答案一半都在书里。
> 只有一半？那剩下的一半呢？
> 还无人知晓。
> ——坂田靖子《巴基尔的优雅生活》

读物

[1] 結城浩，『数学ガール』①，ソフトバンククリエイティブ，ISBN978-4-7973-4127-9，2007年

　　　　这本读物描写了我、米尔嘉以及泰朵拉三人的邂逅和故事。我们三个高中生在放学后的图书室、教室以及咖啡店挑战与学校所学内容略有不同的数学。

[2] Simon Singh，青木薫訳，『フェルマーの最終定理——ピュタゴラスに始まり、ワイルズが証明するまで』②，新潮社，ISBN4-10-539301-4，2000年

　　　　这本读物戏剧性地阐述了从费马大定理诞生到怀尔斯证明费

---

① 中文版名为《数学女孩》，朱一飞译，人民邮电出版社，2015年。——译者注
② 中文版名为《费马大定理：一个困惑了世间智者358年的谜》，薛密译，广西师范大学出版社，2013年。——译者注

马大定理之间的一系列故事。特别是对怀尔斯发现已公布的证明有疏漏，随后突破难关这部分的描写最是精彩。本书的文库版由新潮文库出版。

[3] 高木贞治，『近世数学史談』，岩波書店，ISBN4-00-339391-0，1995年

这本读物生动有趣地记录了高斯、柯西、狄利克雷、伽罗瓦、阿贝尔等众多数学家的一生及其建树。

面向高中生

[4] 松田修+津山工業高等専門学校数学クラブ，『11からはじまる数学——k‐パスカル三角形、k‐フィボナッチ数列、超黄金数』，東京図書，ISBN978-4-489-02027-8，2008年

本书中描写了四位高专生① 在"数学俱乐部"里进行的数学研究，也就是真实世界中的数学男孩和数学女孩们关于帕斯卡三角形和斐波那契数列进行的研究。对于那些想凭自己的能力开始研究数学的高中生以及教师们，这本书想必会有很大的帮助（参考：第7章末尾的引用）。

[5] 芹沢正三，『素数入門——計算しながら理解できる』，講談社，ISBN4-06-257386-5，2002年

本书中记述了许多初等整数论的具体问题，是一本能够一边读一边自己进行计算和论证的好书（参考：第7章的群·环·域的记述）。

[6] 黒川信重，『オイラー、リーマン、ラマヌジャン』，岩波書店，ISBN4-00-007466-0，2006年

本书中以欧拉、黎曼、拉玛努扬三人为主题，讲述了不可思

① 相当于中国的职高生。——译者注

议的 Zeta 世界(参考: 第 10 章棱镜的比喻、代数 Zeta 和解析 Zeta)。

[7] 小林昭七,『なっとくするオイラーとフェルマー』, 講談社, ISBN4-06-154537-X, 2003 年

　　　　本书中收集了许多关于数论的有趣话题(参考: 第 8 章 FLT(4) 的证明)。

[8] 足立恒雄,『フェルマーの大定理が解けた!』, 講談社, ISBN4-06-257074-2, 1995 年

　　　　本书中用椭圆曲线的观点总结了费马大定理。虽然里面有不少数学公式, 不过作者下了一番功夫, 所以即使抛开这些数学公式, 读者也能掌握大体流程(参考: 第 2 章单位圆和勾股数的关系)。

[9] 足立恒雄,『フェルマーの大定理——整数論の源流』, 筑摩書房(ちくま学芸文庫), ISBN4-480-09012-6, 2006 年

　　　　本书中描绘了数学家的人物肖像、历史背景及数学内容, 多方位地描述了费马大定理。作者绝妙地拿捏了记述数学的火候, 也很适合对数学性文章抱有兴趣的读者一读(参考: 第 10 章费马大定理的历史)。

[10] 足立恒雄,『フェルマーを読む』, 日本評論社, ISBN4-535-78153-2, 1986 年

　　　　本书中解释了费马在丢番图的《算术》一书中写下的 48 项内容(参考: 第 10 章《算术》的解释)。

[11] 志賀浩二,『数学が育っていく物語(第 2 週)——解析性　実数から複素数へ』, 岩波書店, ISBN4-00-007912-3, 1994 年

　　　　本书中以老师和学生的对话形式来讲述数学, 同时也涉及了数学家的人格, 是一本能够让人静下心来慢慢阅读的数学书(参考: 第 5 章的复数)。

[12] 矢野健太郎＋高橋正明，『改訂版 複素数 (モノグラフ 9)』，科学新興新社，ISBN4-89428-166-X，1990年

　　　　这是一本面向高中生的参考书。此专题著作系列适合对特定主题抱有兴趣的高中生钻研学习 (参考：第 5 章复数的积)。

[13] 福田邦彦＋石井俊全，『数学を決める論証力』，東京出版，ISBN4-88742-048-X，2001年

　　　　这是一本培养证明能力的参考书。除了介绍反证法和数学归纳法这些著名的证明方法外，还讲解了一些考生容易栽跟头的证明题的错误所在 (参考：第 4 章用另一种证明法来证明 $\sqrt{2}$ 是无理数)。

[14] 栗田哲也＋福田邦彦，『マスター・オブ・整数』，東京出版，ISBN4-88742-017-X，1998年

　　　　本书中为大家讲解了质因数分解、最大公约数、欧拉函数、互质和勾股数等关于整数的话题 (参考：第 4 章用另一种证明法来证明 $\sqrt{2}$ 是无理数、第 5 章的格点问题)。

[15] 吉田武，『虚数の情緒——中学生からの全方位独学法』，東海大学出版会，ISBN4-486-01485-5，2000年

　　　　本书是一部以数学和物理为中心，引导读者从基础开始积极动手学习的大作，有着惊人的趣味性。

面向大学生

[16]『岩波数学入門辞典』，岩波書店，ISBN4-00-080209-7，2005年
　　　　一本简明易懂地讲解了数学专门用语的词典。

[17] 高木貞治，『初等整数論講義 第 2 版』，共立出版，ISBN4-320-01001-9，1971年
　　　　一本讲解古典整数论的书。

[18] 加藤和也，『解決！フェルマーの最終定理——現代数論の軌跡』，日本評論社，ISBN4-535-78223-7，1995年

本书中讲解了费马大定理和与其有关的数学知识。本书中总结了月刊杂志《数学研讨会》的连载内容，通过丰富多彩的比喻和故事来谈论高深的数学，读者可以通过本书生动形象地认识与把握数学。

[19] 藤崎源二郎＋森田康夫＋山本芳彦，『数論への出発　増補版』，日本評論社，ISBN4-535-78362-4，2004年

本书中将初等整数论到费马大定理简洁地加以了总结（参考：第10章）。

[20] Ronald L. Graham，Donald E. Knuth，Oren Patashnik，有沢誠＋萩野達也＋安村通晃＋石畑清訳，『コンピュータの数学』[①]，共立出版，ISBN4-320-02668-3，1993年

这是一本以求和为主题的离散数学的书（参考：第3章质数指数记数法、a ⊥ b 的形式）。

[21] David Gries，Fred B. Schneider，『コンピュータのための数学——論理的アプローチ』[②]，日本評論社，ISBN4-535-78301-2，2001年

一本讲解离散数学的书，目标是使读者掌握逻辑，将其作为思考的工具。

[22] Philip J.Davis，Reuben Hersh，柴垣和三雄＋田中裕＋清水邦夫訳，『数学的経験』[③]，森北出版，ISBN4-627-05210-3，1986年

一本从多个角度汇集了各种数学话题的读物。话题涵盖范围

---

① 中文版名为《具体数学：计算机科学基础》，张明尧、张凡译，人民邮电出版社，2013年。——译者注

② 英文原版名为 *A Logical Approach to Discrete Math*，Springer，1993年。
　　　　　　　　　　　　　　　　　　　　　　　　　　　——译者注

③ 中文版名为《数学经验（学习版）》，王前译，大连理工大学出版社，2013年。
　　　　　　　　　　　　　　　　　　　　　　　　　　　——译者注

太广，所以有一些难以读懂的部分，不过也包含一些引人深思的
内容。

[23] Joseph H. Silverman, John Tate, 足立恒雄訳，『楕円曲線論入門』[①],
シュプリンガー・フェアラーク東京，ISBN4-431-70683-6，1995 年

　　　　一本椭圆曲线的入门书，把焦点放在了数论的侧面。

[24] Leonhard Euler, 高瀬正仁訳，『オイラーの解析幾何』[②]，海鳴社，
ISBN4-87525-227-7，2005 年

　　　　一本莱昂哈德·欧拉自己编写的几何书。读者可以通过欧拉
自己写的文章品味有关坐标、曲线以及函数的知识。书中出现了
许多具体例子，从这点可以看出欧拉非常重视具体例子。

面向研究生和专家

[25] 加藤和也＋黒川信重＋斉藤毅，『数論Ⅰ——Fermatの夢と類体論』，
岩波書店，ISBN4-00-005527-5，2005 年

　　　　这是一本数论的教科书。作者下了许多功夫，为的是让读者
一边学习真正的数学，一边体验数字的不可思议及惊奇之处。这
本书在笔者编写本书的过程中给了笔者很大的帮助（参考：第 2 到
第 4 章、第 7 章、第 10 章的结构）。

[26] 黒川信重＋栗原将人＋斉藤毅，『数論Ⅱ——岩澤理論と保型形式』，
岩波書店，ISBN4-00-005528-3，2005 年

　　　　上述《数论Ⅰ》的续作（参考：第 2 到第 4 章、第 7 章、第 10
章的结构）。

[27] 谷山豊，『谷山豊全集［増補版］』，日本評論社，ISBN4-535-

---

① 英文原版名为 *Rational Pointson Elliptic Curves*，Springer，1994 年。

　　　　　　　　　　　　　　　　　　　　　　　　——译者注

② 英文原版名为 *Introductio in Analysin Infinitorum*，1748 年。——译者注

78209-1，1994 年

　　创造谷山 – 志村定理的谷山丰的全集著作。集合了谷山丰的论文、评论、随笔和书信等，此外还收录了作为"谷山 – 志村定理"被公式化的谷山的问题。

[28] Andrew Wiles，" Modular Elliptic Curves and Fermat's Last Theorem"，*The Annals of mathematics*，2nd Ser.，Vol. 141，No.3（May，1995），pp.443-551

　　怀尔斯的论文，这篇论文证明了费马大定理。论文总计 109 页，一共 5 章。假如费马的证明过程跟怀尔斯一样，那这么多的过程，空白处确实是写不下啊。

网络资料

[29] Gerhard Frey，"The Way to the Proof of Fermat's Last Theorem"

　　讲述了想出弗赖曲线的 Gerhard Frey 如何解决费马大定理的历史（参考：第 10 章的结构）。

[30] http://www.hyuki.com/girl/，結城浩，『数学ガール』

　　汇集了诸多关于数学和女孩的读物。《数学女孩》的最新信息也在这里。

　　　　　　　　　"出于兴趣读的书反而更难，真怪。"
　　　　"因为自己喜欢的书都是拿来挑战自己理解极限的嘛。"
　　　　　　　　　　　——《数学女孩 2：费马大定理》[30]

版 权 声 明